ADDITION

A LA

POULE AU POT

DE HENRI IV,

OU

ASSOLEMENS

DU SPÉCULATEUR,

POUR SERVIR DE COMPLÉMENT A CET OUVRAGE;

PAR LE MÊME AUTEUR.

CLERMONT-FERRAND,

THIBAUD-LANDRIOT, IMPRIMEUR DU ROI.

1829.

AVANT-PROPOS.

Nous avons donné précédemment, l'art de procurer autant qu'il est possible à tous les terrains, le degré d'assainissement, de profondeur, de fraîcheur, de consistance et d'ameublissement, qui distinguent les bons fonds, avec les moyens de leur transmettre progressivement tous les principes désirables de fécondité, et ceux de les garantir de la plupart des influences nuisibles de l'air et des météores. Nous avons développé les principes de l'art des assolemens, d'après nos géoponistes les plus justement accrédités, et nos propres expériences;

en un mot, nous avons ouvert
à toutes les classes de la société
une source nouvelle et féconde
d'aisance et de bien-être : ainsi
nous avons rempli la tâche que
nous nous étions imposée dans
l'intérêt du pauvre et dans celui
de l'état. Mais nos recherches et
les expériences multipliées auxquelles nous nous sommes livrés
depuis, nous permettent main-
tenant de nous étendre bien au
delà des premières limites que
nous nous étions fixées ; nous
pouvons offrir de plus à nos
concitoyens des moyens plus simples et plus sûrs, d'obtenir à
beaucoup moins de frais, des
produits également précieux et

encore plus abondans : et c'est ce que nous faisons dans cette addition.

On peut réduire rigoureusement à deux points principaux, tous les genres de spéculation du cultivateur.

Celui qui n'a pas au delà de l'étendue nécessaire pour fournir à ses besoins personnels et à ceux de sa famille, vise particulièrement aux moyens d'obtenir de cette étendue, la provision la plus abondante possible des produits qui lui sont indispensables.

Celui, au contraire, dont les possessions moins circonscrites, offrent un plus vaste champ à ses combinaisons, spécule en outre sur les moyens de se procurer de plus, les produits surérogatoires qui, avec le moins de dépense possible, doivent lui donner les profits les plus sûrs et les plus avantageux.

Nous nous sommes donc proposé de remplir ce double objet dans la série d'assolemens ci-après, qui ont été combinés en raison tout à la fois et de la nature du terrain, et de celle des végétaux qui, d'après de nombreuses expériences, sont susceptibles d'y prospérer plus avantageusement. En conséquence, nous divisons la matière en trois parties principales, sous les simples désignations de Ire, IIe et III sections.

La Ire section décrit les améliorations, les espèces de végétaux, et les assolemens qui conviennent aux terres légères.

La IIe section, ceux qui s'adaptent avec plus d'avantages aux terrains de moyenne consistance.

Et la IIIe enfin, ceux que réclament les terres fortes ou alumineuses, plus ou moins tenaces et compactes.

Une analyse succincte de chaque nature de terre, mise à la portée de toutes les intelligences, insérée en tête de chaque section, fournira au simple cultivateur tous les documens qui lui sont nécessaires, pour les distinguer sans se tromper. Ainsi, il n'aura qu'à consulter la nature de son terrain, et ensuite ses besoins personnels, pour reconnaître sûrement celui de ces assolemens qui conviendra mieux tout à la fois à son terrain, et à sa situation, ou à ses vues particulières.

Une culture bien soignée et judicieusement alternée des végétaux convenables à chaque nature de terre, fournira abondamment au premier les produits qui lui seront nécessaires, pour assurer son bien-être et celui de sa famille ; et l'admission des prairies artificielles dans ces cultures, également bien soignées, plus variées, et encore plus judicieusement alternées, augmentera considérablement l'aisance primitive du second.

En effet, l'introduction des prairies artificielles, dans les assolemens, offre au cultivateur des .avantages vraiment inappréciables. Elle lui présente en premier lieu, celui d'obtenir à peu de frais des produits plus certains, et qui, bien employés et exactement appréciés, égalent et surpassent souvent ceux des autres rotations ou successions de cultures. En second lieu, elle économise la main-d'œuvre; elle supplée ainsi à l'impossibilité où l'on se trouve quelquefois de se procurer les bras nécessaires, et l'on peut avec le même nombre d'ouvriers utiliser avec des avantages équivalens, une étendue beaucoup plus considérable que par les autres assolemens. Enfin, en économisant les engrais, elle améliore encore considérablement le terrain, et augmente dans la même proportion ses produits ultérieurs.

De plus amples détails seraient purement fastidieux : nous entrons en matière.

ASSOLEMENS

ou

ROTATIONS DE CULTURES

DU SPÉCULATEUR.

SECTION Ire.

AMÉLIORATIONS ET ASSOLEMENS POUR LES TERRES LÉGÈRES.

ON range communément dans la classe des terres légères,

1°. Les varennes, c'est-à-dire, les siliceuses ou sablonneuses, soit pures, ou plus ou moins graveleuses ou caillouteuses;

2°. Les crétacées arides;

3°. Les carbonatées, mélangées en majeure partie de sable ou de silice;

4°. Et enfin les schistes calcaires, soit siliceux ou sablonneux.

ANALYSE.

1°. Les varennes sont les terres qui, privées à peu près également d'alumine et de calcaire, se composent presque exclusivement de silice, mêlée de gravier ou d'autres matières analogues. On les distingue en général des autres terres, sous les dénominations de landes, de bruyères, de terres vaines et vagues, et de varennes proprement dites.

Les varennes proprement dites, sont celles dont les couches supérieures offrent aux végétaux l'épaisseur et les facilités nécessaires pour enfoncer et étendre convenablement leurs racines en tous sens.

Les landes, les bruyères, les varennes vaines et vagues, et les autres terres analogues, sont celles dont la couche arable trop mince, repose sur quelque lit soit de sable pur ou de gravier, de grès, de tuf, ou de toutes autres matières, soit dures ou tenaces, imperméables aux racines des végétaux.

2°. Les crétacées arides sont les terres dont la couche supérieure se compose de craie seule, ou de craie et de silice sans mélange d'argile. Ces terres se dessèchent facilement, et se divisent bientôt ensuite en une poussière improductive, pour peu que la chaleur ait de durée et d'intensité.

3°. Les carbonatées dont il s'agit ici, sont les terres presque entièrement dépourvues d'alumine, où la matière calcaire, déjà combinée au moins en partie avec le gaz acide carbonique, offre soit des parcelles craïeuses ou pierreuses, plus ou moins volumineuses, ou des bancs plus ou moins épais de pierre à bâtir, ou de craie à peu de profondeur ; ou enfin, de nombreux débris de pierre à chaux ou de craie, lorsque ces bancs de pierre ou de craie en ont été extraits.

4°. Enfin les schistes calcaires siliceux ou sablonneux, sont les terres qui proviennent de la décomposition des roches ou grandes masses calcaires, lorsque les produits de ces décompositions, se trouvent mélangés à peu près exclusivement avec la silice ou d'autres matières analogues.

AMÉLIORATIONS.

Toutes ces espèces de terres sont en général fort peu productives; mais les landes, les bruyères, et les varennes vagues en particulier, le sont moins encore, et semblent se refuser pour la plupart à toutes sortes de produits utiles. Cependant l'industrie peut les féconder toutes considérablement par différens moyens.

Le premier consiste à les débarrasser, à la profondeur de dix-huit pouces au moins, des matières rebelles qui s'y trouvent souvent à peu de distance de la surface. On amène ainsi ces terres à un état peu différent de celui des varennes proprement dites, c'est-à-dire, qu'elles offrent alors à peu près également à toutes les plantes, les facilités nécessaires au parfait développement de leurs racines, tant pivotantes que latérales. Mais dans cet état même, les unes et les autres sont encore ordinairement très-peu productives, 1°. parce que la silice ou le sable, et les autres matières analogues qui y dominent, sont absolument infécondes de leur nature; 2°. parce qu'à raison de l'incohérence ou du défaut de liaison de ces matières, les eaux, en les traversant sans obstacles, entraînent toujours avec elles, au-dessous de la portée des plantes, non-seulement les substances alimentaires que l'air et les météores déposent continuellement à leur surface, mais encore les parties les plus atténuées, les plus solubles, et les plus fécondes des engrais que l'agriculture leur confie; 3°. et enfin, parce que ce défaut de liaison les laisse ensuite ouvertes de toutes parts à l'action de la chaleur, des vents et du hâle, qui dissipent bientôt le peu d'humidité dont elles se trouvent parfois pénétrées, et sans laquelle il n'y a pas de végétation.

On leur procure et on y maintient ensuite une fécondité très-satisfaisante, 1°. par une bonne disposition , qui a pour objet de les soustraire à l'action directe des rayons du soleil , dans les momens de sa plus grande ardeur (1), et à celle des vents et du hâle qui les privent bientôt de la fraîcheur ou de l'humidité indispensables à la végétation (2) ; 2°. par des fossés couverts d'un à deux pieds de profondeur , au-dessous de la couche arable (avec ou sans issues selon les circonstances), lesquels servant d'abord de récipiens aux eaux superflues , forment souvent ensuite des magasïns d'humidité souterraine , qui, dans les grandes chaleurs , communiquent leur fraîcheur à la surface , et y déterminent une brillante végétation ; 3°. par des abris, qui, disposés convenablement, cal-

---

(1) Voyez les nᵒˢ 14 à 22 de la 1ʳᵉ partie.
(2) Voyez les nᵒˢ 10 et 21 de la 1ʳᵉ partie.

ment manifestement la violence des vents, diminuent beaucoup l'évaporation qu'ils produisaient, y déterminent la chute et la permanence des émanations atmosphériques, y maintiennent ainsi la fraîcheur nécessaire à une bonne végétation, et les enrichissent continuellement de leurs débris annuels (1); 4°. et enfin par l'emploi des matières spécifiées ci-après, qui sont,

1°. Les terres argileuses, les marnes de même nature (2), et surtout les terres fortes et noires tenaces.

2°. Les boues des rues et les limons gras des fossés et des mares:

3°. Les marcs de raisin et ceux des fruits fondus.

4°. Les produits des fosses d'aisance,

---

(1) Voyez le même n° 10 de la 1re partie.

(2) Il est bon d'observer ici que les marnes, et même les marnes argileuses, ne conviennent nullement aux crétacées arides, par la considération expliquée au n° 81 de la 1re partie, pages 113 et 114.

unis à des terres argileuses, et particulièrement à des terres fortes et noires.

5°. Les fumiers gras des bêtes à cornes et des bêtes à laine.

6°. Les composts formés des matières
ci-dessus (selon qu'on peut les avoir),
unis à tous les végétaux ou substances
végétales quelconques.

7°. Les os pilés, les râclures d'os ou
de cornes, les cuirs inutiles, les vieux
lainages découpés, et autres substances analogues;

8°. Et enfin, les végétaux cultivés
et enfouis pour engrais, qui, pour les
terres de cette classe, offrent la meilleure de toutes les ressources, une ressource infaillible et toujours féconde
en résultats avantageux.

Les unes et les autres de ces terres
ayant donc été plus ou moins améliorées, par l'emploi des moyens décrits
précédemment, selon les possibilités
respectives, le cultivateur pourra les
soumettre également à ceux des assolemens suivans, qui conviendront mieux

à ses vues ou à ses besoins, ou à d'autres qu'il pourra combiner et varier à sa manière, et selon ses vues particulières. Pour lui faciliter ces nouvelles combinaisons, et ne lui rien laisser à désirer sur ce point, nous allons terminer ces observations par l'énumération des plantes les plus usuelles, tant potagères et légumineuses, que céréales, et des prairies artificielles susceptibles de donner de bons produits sur ces espèces de terres ; au moyen de quoi, et avec l'attention, 1°. de n'y appliquer les engrais qu'immédiatement avant chaque ensemencement quel qu'il soit ; 2°. de varier ou d'alterner toujours ses ensemencemens ; 3°. de reculer, le plus long-temps possible, le retour des mêmes végétaux sur le même terrain ; 4°. et de substituer toujours soigneusement, autant que possible, aux plantes épuisantes, des plantes améliorantes, ou une récolte à enfouir pour engrais, il peut compter sur des succès extrêmement satisfaisans.

TABLEAU

DES PLANTES LES PLUS USUELLES, SUSCEPTIBLES DE DONNER DE BONS PRODUITS SUR LES TERRES SPÉCIFIÉES EN CETTE 1re SECTION.

PLANTES				Observations.
POTAGÈRES.	LÉGUMINEUSES.	CÉRÉALES.	DES PRAIRIES ARTIFICIELLES.	
1º. Carottes.	1º. Gesses.	1º. Avoine.	1º. Fromentale.	(1) A l'exception du froment rouge et autres analogues.
2º. Chicorée.	2º. Haricots.	2º. Froment (1).	2º. Lupuline.	
3º. Navets.	3º. Lentilles.	3º. Maïs.	3º. Pimprenelle grande.	
4º. Pommes de terre	4º. Lupins.	4º. Orge de printemps	4º. Sainfoin.	
5º. Racines de disette	5º. Pois.	5º. Sarrasin commun	5º. Spergule.	
6º Raves.		6º. *Idem* de Tartarie.	6º. Trèfle de Hollande	
7º. La plupart des plantes de jardinage, les choux exceptés.		7º. Seigle.	7º. Trèfle incarnat, dit farouch, ou de Roussillon.	

Nota. Les produits qui conviennent mieux aux terres légères sont ceux qui végètent principalement au printemps ou en automne. Elles produisent beaucoup dans les années pluvieuses. C'est surtout au jardinage qu'il faut les employer, dans le voisinage des villes.

N° 1. ASSOLEMENT DE TROIS ANS.

Précis de cet assolement.

1re Année. Maïs ou pommes de terre, ou l'un et l'autre semés séparément, ou bien plantes de jardinage traitées à la manière des jardiniers.

2e Année. Orge ou avoine et trèfle pour engrais, puis seigle ou froment.

3e Et dernière année. Récolte de seigle ou de froment, puis raves et navets, etc.

Mode d'exécution de cet assolement.

1re Année. Sur deux demi-labours, le premier, de deux à trois pouces de profondeur, donné immédiatement, autant que possible, après la dernière récolte; le second, de quatre à cinq pouces, exécuté après que les grains et les graines couverts par le premier demi-labour ont bien levé, ou mieux encore après qu'ils se sont bien développés (1) ; et une bonne façon à la bêche donnée en mars ; maïs largement fumé ou terreauté, semé en avril ou au commencement de mai, en lignes espacées de vingt-quatre pouces entre entre elles, et à bouquets de deux grains seulement, distans entre eux de vingt-quatre pouces dans la raie.

On pioche et on butte légèrement le maïs, lorsqu'il a atteint trois ou quatre pouces de hauteur ; et on extrait de chaque bouquet celle des deux plantes qui paraît la moins vigoureuse. On le butte fortement, lorsqu'il est parvenu à celle de six à sept pouces, en versant de chaque côté également la terre des intervalles vides sur les raies pleines qui les avoisinent. Enfin, on le butte de nouveau, lorsqu'il a atteint neuf ou dix pouces d'élévation, en creusant davantage les intervalles

---

(1) Voyez cependant la note sous la page 64 de la 1re partie.

vides, et en en versant la terre de chaque côté sur la crête des raies pleines ; ce qui forme des petits billons en doubles ados, qui, exposés de toutes parts aux influences fécondantes de l'atmosphère, donnent une récolte magnifique, et conservent en même temps toute la fertilité nécessaire à de nouveaux produits. Pour cet effet, on entretient le maïs bien net d'herbes pendant tout le temps de son existence, par des sarclages rigoureux (1). Enfin, on en recueille les épis en septembre, leur maturité s'annonçant par l'amortissement et l'écartement des tuniques qui alors laissent entrevoir, çà et là, leurs sommets animés de la plus riche des couleurs. Ces épis étant recueillis, on enfouit aussitôt après les fanes et les tiges encore semi - verdoyantes du maïs par un bon labour à la bêche, sur lequel on sème l'année suivante

----

(1) Voyez la note 1re, à la fin de cette 2e partie.

l'orge ou l'avoine sans autre préparation.

Le cultivateur peut substituer à volonté, selon ses vues ou ses besoins, la
pomme de terre au maïs, ou semer l'un
et l'autre séparément (1); dans ces
deux cas, on sème la pomme de terre
en avril sur la même préparation que
pour le maïs, en lignes également espacées de vingt-quatre pouces, mais à
dix ou douze pouces seulement dans
la raie, selon que la variété employée
étend plus ou moins ses tubercules.

On pioche et on butte les pommes
de terre en dos d'âne, en mai et en
juin. Ces dos d'âne se forment en ramenant la terre des intervalles vides
sur les raies pleines; ce qui multiplie

----

(1) Si l'on sème la même année la pomme de terre et
le maïs séparément, on devra, en recommençant cette
rotation, avoir l'attention de semer le maïs sur l'empla-
cement occupé cette première année par les pommes de
terre, et les pommes de terre sur celui occupé par le
maïs. En reculant ainsi le retour de ces plantes sur le
même terrain, on assure d'autant le succès de chacune.

considérablement les surfaces, donne
de larges passages libres à l'air am-
biant, et expose ainsi de toutes parts
la terre et les plantes aux bienfaisantes
influences de l'atmosphère. On entretient la terre toujours bien nette d'herbes pendant tout le temps de l'existence des pommes de terre. Enfin, on
les arrache à la mi-octobre (1), de
manière à ce que la terre demeure
bien disposée, bien enfoncée et bien
ameublie, pour qu'elle puisse absorber toutes les émanations atmosphériques qui viendront se reposer sur sa
surface pendant toute la morte saison,
et se débarrasser de toute humidité
nuisible, à mesure des besoins.

Indépendamment de l'abondance et

_____

(1) Diverses expériences nous ont démontré qu'en
général les tubercules de la pomme de terre n'atteignent
guère avant cette époque, ni leur complet développement, ni leur parfaite maturité, et qu'étant arrachées
plus tôt, elles perdent ensuite avec leur eau de végétation beaucoup de leur volume, et plus encore de leur
qualité.

de l'utilité de ses tubercules, la pomme de terre fournit encore, dans ses tiges et son feuillage, de très-riches moyens de reproduction. Dès l'instant où le feuillage commence à jaunir, on choisit le moment où il se trouve chargé de rosée ; on détache alors les tiges de la plante, et on les fait entrer ainsi dans la composition de la gadoue artificielle (1) ou des composts (2), ou bien après avoir formé sur le terrain, de distance en distance, des petits lits circulaires de terre bien ameublie de deux à trois pouces d'épaisseur, sur environ trois pieds de diamètre, on étend par-dessus une couche de deux à trois pouces de tiges de pommes de terre, que l'on recouvre ensuite de deux à trois pouces de terre végétale, et on continue alternativement ces

----

(1) Voyez, pour la composition de la gadoue artificielle, les nos 49, 5o et 51 de la 1re partie.

(2) Voyez, pour la formation des composts, les nos 52 et 53 de la 1re partie.

stratifications, en ayant soin de retirer successivement en dedans, d'un pouce au moins, les couches alternatives de tiges et de terre végétale ; ce qui forme des cônes ou espèces de pains de sucre que l'on enveloppe ensuite de trois ou quatre pouces de terre végétale. Ces cônes ayant demeuré exposés à l'action de l'air et des météores pendant l'hiver, donnent au printemps un terreau excellent, que l'on répand avec succès immédiatement avant l'ensemencement de l'orge ou de l'avoine.

2° Année. Sans autre préparation que celles indiquées après la récolte, soit du maïs ou des pommes de terre, orge ou avoine, ou l'une et l'autre, selon les besoins, semées séparément en mars (1), en lignes espacées de six

-----

(1) Les premiers beaux jours de mars offrent, en général, l'époque la plus favorable à l'ensemencement de l'orge et de l'avoine, sur les départemens du centre de la France, particulièrement sur les terres légères. Mais quand le temps le permet, on doit devancer cette époque, d'après ce proverbe , *avoine de février remplit le grenier.*

pouces seulement, dont cinq pleines et une vide alternativement, piochées et buttées légèrement en avril ; puis de suite trèfle semé à la volée, et soigneusement couvert au trident. La précaution la plus essentielle, pour assurer le succès de ce second ensemencement, consiste à choisir pour l'exécuter, un beau jour et un moment où la terre, sans être mouillée, soit néanmoins assez fraîche pour pénétrer les semences de l'humidité nécessaire à leur germination, dont on favorise ensuite le développement par des sarclages rigoureux.

Si l'on voulait assurer davantage encore le succès du trèfle, on le semerait immédiatement après l'orge ou l'avoine (1) ; mais dans ce cas on diminuerait sensiblement les produits de ces deux graminées. Cependant cette perte serait ensuite compensée avan-

----

(1) Voyez, pour ce mode d'ensemencement, le n° 36 de la 1re partie.

tageusement par ceux du froment, qui seront d'autant plus abondans, que le trèfle aura offert un plus beau développement.

On récolte l'orge ou l'avoine en juillet, et on conserve le trèfle intact jusqu'à la fin de septembre; alors on le retourne par un bon labour à la bêche, sur lequel on sème le froment sur la fin d'octobre, en lignes espacées de six pouces seulement, dont cinq pleines et une vide alternativement (1), et à bouquets de six à huit grains également distans entre eux de six pouces dans la raie.

On peut à la fin de cette seconde année, semer sur ces terres légères du seigle en place du froment; dans ce

____

(1) Des expériences ultérieures nous ont démontré que l'ensemencement à cinq raies pleines et une vide, est plus avantageux sur les terres légères que celui de deux raies pleines et une vide alternativement, qui convient spécialement aux terres fortes et noires, et à celles de moyenne consistance de la section suivante.

Voyez la note 2ᵉ, à la fin de cette 2ᵉ partie.

(30)

cas, on retourne le trèfle à la mi-septembre par un bon labour à la bêche, sur lequel on sème de suite le seigle, en lignes espacées de six pouces, dont cinq pleines et une vide alternativement, mais non à bouquets. Diverses expériences nous ont prouvé en effet que ce mode d'ensemencement, toujours favorable au froment et souvent à l'orge, ne l'est nullement au seigle et à l'avoine.

3e Année. Froment légèrement pioché en mars, et butté au buttoir (1) en avril ou mai, sarclé soigneusement, à mesure des besoins, et récolté en juillet ou en août, mais toujours et seulement à sa parfaite maturité. Cette circonstance mérite de la part du cultivateur la plus sérieuse attention, attendu que le défaut de maturité offre dans les produits une différence qui peut être du tiers en moins, sur la quantité comme sur la qualité.

____

(1) Voyez la note 3e, à la fin de cette 2e partie.

Si, au lieu du froment, on a semé du seigle, ce dernier produit n'exige indispensablement d'autres soins que des sarclages rigoureux, à mesure des besoins, et se récolte en juillet; puis sur un seul labour donné immédiatement après la récolte, soit du seigle ou du froment, à toute la profondeur possible, raves ou navets, et carottes ou chicorée, semés à la volée, et couverts au rateau; puis et de suite, haricots nains semés en lignes espacées de trente pouces au moins, et à bouquets de quatre ou cinq grains, distans entre eux de dix-huit pouces au moins dans la raie.

Haricots, raves ou navets, et carottes ou chicorée, sarclés soigneusement, piochés et buttés en septembre, pour rendre à la terre les-plantes inutiles ou surnuméraires; ce qui se fait par une seule et même opération.

Gousses de haricots cueillies en octobre, avec le soin d'enfouir à mesure leurs tiges et leur feuillage; ce qui se fait par un simple coup de bêche pour chaque bouquet.

Raves ou navets et carottes les plus gros, ou chicorée préalablement liée et blanchie, entretirés jusqu'aux grands froids, de manière néanmoins à les laisser assez épais pour garnir suffisamment la terre au printemps suivant, avec l'attention de rendre au sol les fanes ou le feuillage, et les autres débris des plantes enlevées; ce qui se fait en les couvrant de suite d'un peu de terre avec la pioche ou la bêche.

Enfin, on recommence la même rotation, par l'enfouissement à la mi-avril des plantes alors en fleurs, par un bon labour à la bêche, sur lequel on sème la pomme de terre ou le maïs.

OBSERVATION.

Cet assolement convient particulièrement au petit propriétaire, qui n'a que l'étendue à peu près nécessaire pour lui fournir les produits qui lui sont indispensables. En divisant sa petite propriété en trois portions égales, qu'il distinguera par les n°ˢ 1, 2 et 3, et en commençant cet assolement, 1°. par sa première année sur le premier tiers; 2°. par sa seconde année sur le second tiers; 3°. et par sa troisième année sur le troisième et dernier tiers; il aura dès la première année de son entreprise, et toujours de même, un tiers de son terrain en maïs ou pommes de terre, ou mieux encore l'un et l'autre à son gré; un autre tiers en orge ou en avoine, ou l'un et l'autre, selon ses vues ou ses besoins; et enfin, le troisième et dernier tiers en seigle ou en froment, auxquels succéderont, la même année, la rave ou le navet, la carotte ou la chicorée et les haricots, qui laisseront sa terre dans le meilleur état possible de production.

L'application de ces combinaisons, quoique facile à saisir, présenterait peut - être quelques difficultés pour ceux qui n'en ont pas l'usage. Nous allons donc leur faciliter davantage cette application, par la décomposition de cet assolement adaptée à chaque tiers de la propriété, dès la première année de l'entreprise.

1°. *Application de l'assolement précédent au tiers n° 1ᵉʳ de la propriété.*

Cet assolement devant s'appliquer tel qu'il est sur le premier tiers de la propriété, on suivra exactement sur ce premier tiers de la propriété les indications qu'il renferme sans y rien changer. Voyez pour cela cet assolement, pages 21 et suivantes.

2° *Décomposition et application de l'assolement n° 1, au tiers n° 2 de la propriété.*

1ʳᵉ Année de l'entreprise. Sur les mèmes préparations que celles données pour le maïs, voyez pour ces préparations, la première année de l'assolement précédent, page 21. Orge ou avoine, puis trèfle, ensuite seigle ou froment, semés et traités exactement comme ceux de la seconde année du même assolement précédent. Voyez la seconde année de cet assolement , pages 27 et suivantes.

2ᵉ Année. Seigle ou froment, puis raves ou navets, et carottes ou chicorée, et ensuite haricots, aussi traités comme ceux de la troisième année dudit assolement précédent. Voyez la troisième année de cet assolement , pages 3o et suivantes.

3ᵉ Année. Plantes montantes et en fleurs, enfouies à la mi-avril par un bon labour à la bêche, sur lequel maïs ou pommes de terre , semés et traités comme ceux de la première année de l'assolement précédent , pages 22 et suivantes.

3°. *Décomposition et application de l'assolement n° 1 , au tiers n° 3 de la propriété.*

1ʳᵉ Année de l'entreprise. Sur guéret fumé, s'il s'en trouve, et à défaut de guéret, sur deux demi-labours , le premier de deux à trois pouces de profondeur, donné immédiatement après la récolte; le second de quatre à six pouces, exécuté après que les grains et les graines enterrés par le premier demi-labour, ont bien levé, et une bonne façon à la bêche donnée à la fin de septembre ou au commencement d'octobre; froment largement fumé ou terreauté, semé d'automne, comme celui de la seconde année de l'assolement précédent. Voyez cette seconde année, page 29, traité et récolté comme celui de la troisième année du même assolement ; puis raves ou navets, et carottes ou chicorée et haricots, semés et traités comme ceux de la même troisième année de l'assolement précédent, pages 30 et suiv.

2ᵉ Année. Plantes montantes ou en fleurs, enfouies à la mi-avril par un bon labour à la bêche, sur lequel maïs ou pommes de terre, semés et traités comme ceux de la première année de l'assolement précédent, p. 22.

3ᵉ et dernière Année. Sans autre préparation que celle résultante de l'éradication des pommes de terre, ou de l'enfouissement des tiges du maïs, orge ou avoine ; puis trèfle et ensuite froment, pour recommencer : le tout semé et traité exactement comme ceux de la seconde année de l'assolement qui précède. Voyez cette seconde année, pages 27 et suivantes.

Il serait inutile d'ajouter aux combinaisons que nous venons de détailler, un tableau de décomposition de cet assolement. Ces combinaisons nous paraissent tellement faciles à saisir, que nous croirions insulter à l'intelligence du lecteur, par de plus amples explications.

Au moyen de l'application exacte de ces dernières combinaisons, le cultivateur qui n'aurait pour tout avoir qu'une surface d'un hectare de terrain, de qualité même très-inférieure, tels que ceux dont il s'agit ici, peut recueillir, dans une étendue aussi petite et d'aussi peu de valeur, les grains, les fruits et les légumes nécessaires pour alimenter largement une famille de cinq ou six individus. Il aura encore, dans les rebuts de ses grains, de ses fruits et de ses légumes, de quoi nourrir sa volaille, et engraisser son porc; et s'il veut enfin remplacer parfois, ou soutenir les bons effets de l'engrais végétal, par des engrais proprement dits, par des composts, etc., qu'il peut toujours se procurer facilement, et dont il ne doit jamais négliger l'emploi, il aura, en outre, de quoi nourrir une chèvre laitière, avec un petit troupeau de bêtes à laine qui, bien entretenus, lui donneront avec le vêtement, des profits considérables, et doubleront la fécondité de sa petite propriété.

Voilà déjà sur les plus mauvais sols, et une très-faible étendue, le nécessaire remplaçant la pénurie chez l'indigent. Mais si on lui suppose un fonds moins mauvais, ou une étendue moins circonscrite, ou seulement une famílle moins nombreuse, son bien-être augmentera dans une bien autre proportion. Dans ces trois hypothèses, ce n'est plus l'homme jouissant du simple nécessaire, c'est alors l'homme dans l'aisance, dans l'abondance.....; mais assurons davantage son bien-être par de nouvelles combinaisons.

N° 2. ASSOLEMENT QUADRIENNAL OU DE NORFOLK.

Précis de cet assolement.

1re Année. Maïs ou pommes de terre, ou autres plantes sarclées.

2e. Orge ou avoine, ou l'une et l'autre, avec trèfle et lupuline sursemés.

3e. Trèfle et lupuline coupés deux fois, retournés en septembre, puis froment.

4e. Récolte de froment, puis raves ou navets et haricots, etc., pour recommencer.

Mode d'exécution de cet assolement.

1re Année. Sur la même préparation que celle de la première année
de l'assolement n° 1er, maïs ou pommes
de terre fumés, ou l'un et l'autre semés et traités exactement comme ceux
du même assolement. Voyez pour la
préparation du terrain et pour son ensemencement, la première année de
l'assolement n° 1er, pages 21 et suiv.

2e Année. Sans autre préparation
qu'une addition d'engrais ou de composts, qui ne sont cependant pas indispensables, mais dont on ne doit jamais négliger l'emploi, lorsqu'il s'en
trouve de disponibles, orge ou avoine,
ou l'une et l'autre, semées séparément
en mars, en lignes espacées de six pouces seulement, dont cinq pleines et une
vide alternativement. On pioche et on
butte légèrement l'orge ou l'avoine en
avril ; on sème de suite le trèfle et la
lupuline à la volée, et on les couvre

(41)

soigneusement au trident (1). On choisit
pour cette triple opération, c'est-à-
dire, pour le piochage et le buttage de
l'orge et de l'avoine, ainsi que pour
l'ensemencement du trèfle et de la lupuline, un beau jour et un moment
où la terre, sans être mouillée, soit
néanmoins assez fraîche pour pénétrer
les semences de l'humidité nécessaire
à leur germination, dont on favorise
ensuite le développemeut par des sarclages rigoureux, à mesure des besoins.

On récolte l'orge ou l'avoine en juillet, ou au plus tard en août ; après quoi
on conserve le trèfle et la lupuline intacts jusqu'à leur première coupe de
l'année suivante, quelque brillante que
puisse être leur végétation. Cette attention, qui n'exige aucune dépense, équi-
vaut à l'application du plâtre, un peu
trop embarrassante et dispendieuse,
lorsque surtout la carrière se trouve
éloignée de l'exploitation.

---

(1) Voyez la note 4ᵉ, à la fin de cette seconde partie.

3ᵉ Année. Trèfle et lupuline coupés deux fois, puis conservés intacts, quelque belle que soit leur troisième pousse, que l'on laisse bien développer jusqu'à la fin de septembre, et que l'on enfouit alors par un bon labour à la bêche, sur lequel on sème le froment sur la fin d'octobre, en lignes espacées de six pouces, dont cinq pleines et une vide alternativement, et à bouquets de six à huit grains, aussi distans de six pouces dans la raie (1).

On peut prolonger d'une année l'existence du trèfle et de la lupuline, en soutenant leur végétation par des composts abondans, répandus en novembre ou décembre de cette troisième année ; ce qui donne un assolement de cinq ans. Cet assolement ainsi prolongé, se soutient parfaitement avec le secours des composts qu'il exige presque toujours absolument sur les terres

____

(1) Voyez la note 2ᵉ, à la fin de cette seconde partie.

spécifiées ici. Leurs bons effets réunis à ceux de la permanence de la prairie artificielle, offrent au froment des chances de succès encore plus favorables que l'assolement quadriennal pur, quoique très-justement apprécié sous ce rapport.

4ᵉ Année. Froment pioché en mars, et butté légèrement au buttoir en avril ou mai. On l'entretient ensuite bien net d'herbes, et on le coupe en juillet ou en août, c'est-à-dire, lorsqu'il a atteint sa parfaite maturité.

Puis, sur un labour donné à toute la profondeur possible, immédiatement après la récolte du froment, raves ou navets et carottes ou chicorée, et ensuite haricots, semés et traités comme ceux de la troisième année de l'assolement n° 1ᵉʳ, pages 31 et 32.

On recommence cette rotation l'année suivante, par l'enfouissement à la mi-avril, des raves ou navets en fleurs, et des carottes ou de la chicorée montantes, par un bon labour à la bêche,

sur lequel on sème le maïs ou la pomme
de terre, etc.

Cet assolement dans lequel, ainsi
que dans le précédent, on peut admet-
tre avec le maïs et la pomme de terre
beaucoup d'autres plantes sarclées, et
notamment les pois, le lupin, les haricots, les lentilles, les gesses, et la
plupart des plantes potagères ou de
jardinage, à l'exception de la fève et
des choux qui réussiraient mal sur ces
terres légères ; cet assolement, disons-
nous, qui, en quatre années, donne
douze bonnes récoltes, dont huit au
profit de l'homme, et quatre au moins
à celui du sol, n'exige cependant qu'un
seul labour chaque année, avec quelques légers houages et sarclages, qui
peuvent faire l'occupation de l'enfance
même. Il convient également à celui
qui n'a qu'une petite étendue, comme
à celui qui en a une plus grande, lorsque surtout ils habitent le voisinage,
soit d'une ville ou d'un établissement
considérables, où il se fait une grande
consommation de jardinage.

On peut obtenir dès la première année de l'entreprise, tous les produits
de cet assolement, sur toute la propriété ou sur la partie de cette propriété qu'on lui aura destinée, en la
divisant en quatre portions égales, et
en commençant cet assolement dès la
première année de l'entreprise,

1°. Par sa première année, sur un
quart que l'on désignera par le n° 1er.

2°. Par sa deuxième année, sur un
autre quart auquel on donnera le
n° 2 ; dans ce cas on sème l'orge ou l'a-
voine et le trèfle, sur les mêmes préparations que celles indiquées pour le
maïs. Voyez pour ces préparations la
première année de l'assolement, n° 1er,
page 21 , et pour l'ensemencement de
l'orge ou de l'avoine et du trèfle, la
deuxième année du même assolement
n° 1er, pages 27 et suivantes.

3°. Par l'ensemencement du trèfle
de Roussillon (farouch ou trèfle incarnat), en remplacement du trèfle commun ou de Hollande de la troisième

année de cet assolement , sur le troisième quart numéroté 3. Ce trèfle incarnat remplace très-bien le trèfle commun par l'abondance de ses produits. Dans cette circonstance, on le sème seul en septembre, sur un léger labour de deux à trois pouces de profondeur seulement, et à la quantité d'une livre de graine pour une surface de cent toises carrées.

4°. Et enfin, en commençant cet assolement par sa quatrième année, sur le dernier quart que l'on distinguera des autres par le n° 4.

Il est essentiel d'observer ici que ce quatrième et dernier quart doit être pris de préférence sur la partie qui aurait reçu le seigle ou le froment, d'après l'ancienne rotation. Si cette partie se trouve préparée pour recevoir le seigle ou le froment, on y sème le froment comme celui de la deuxième année de l'assolement n° 1er, p. 29 ; dans le cas contraire, on lui donne la préparation indiquée pour la première année de la troisième décomposition de l'assolement n° 1er, page 35.

Au moyen de l'application exacte de ces dernières combinaisons, le cultivateur aura dès la première année de son entreprise, et toujours de même chacune des années suivantes, un quart de la propriété soumise à cet assolement, en maïs ou pommes de terre, ou autres plantes sarclées, soit potagères ou légumineuses à son choix; un autre quart en orge ou avoine, ou l'une et l'autre, selon ce qui lui conviendra davantage; un troisième quart en trèfle incarnat d'abord, et ensuite en trèfle commun ou de Hollande, et le quatrième et dernier quart en froment, auquel succéderont la rave ou le navet, la carotte ou la chicorée et les haricots. Il aura conséquemment tous les produits convenables à ses véritables besoins comme à ses vues particulières.

Le tableau suivant facilitera davantage encore l'intelligence et l'application de ces combinaisons. On verra ai-

sément que, quoique chaque colonne
semble donner un assolement différent, c'est néanmoins toujours la même
rotation ou succession de cultures ,
avec cette seule différence que la seconde colonne, par exemple, commence cet assolement par sa deuxième
année, et le continue par sa troisième,
et ensuite par sa quatrième ; au moyen
de quoi, la première année de l'assolement devient la dernière de cette
seconde colonne. Les deux dernières
colonnes enfin suivent la même pro-
gression.

TÁBLEÁU

DE DÉCOMPOSITION ET D'APPLICATION DE L'ASSOLEMENT N° 2 CI-DEVANT,

Dressé dans le but d'obtenir chaque année tous les produits de cet assolement.

ANNÉES de l'entreprise.	ENSEMENCEMENS ET RÉCOLTES A FAIRE CHAQUE ANNÉE SUR CHAQUE QUART DE LA PROPRIÉTÉ.			
	QUART N° 1.	QUART N° 2.	QUART N° 3.	QUART N° 4.
PREMIÈRE..	Maïs ou pommes de terre, etc.	Orge ou avoine et trèfle, etc. (1)	Trèfle, etc., puis froment (2) (3).	Récolte de froment, puis raves, etc.
SECONDE ...	Orge ou avoine et trèfle, etc.	Trèfle et lupuline, puis froment.	Récolte de froment, puis raves, etc.	Maïs ou pommes de terre, etc.
TROISIÈME.	Trèfle ou lupuline, puis froment.	Récolte de froment, puis raves, etc.	Maïs ou pommes de terre, etc.	Orge ou avoine et trèfle, etc.
QUATRIÈME.	Récolte de froment, puis raves, etc.	Maïs ou pommes de terre, etc.	Orge ou avoine et trèfle, etc.	Trèfle et lupuline, puis froment.

(1) Voyez, pour l'introduction de cet assolement par sa 2e année, l'alinéa second, à la page 45 ci-devant.

(2) A la première année de l'entreprise, on sème sur le quart n° 3, pour cette année seulement, du trèfle incarnat, auquel succède le froment, sur un seul labour. Voyez l'alinéa troisième, à la page 45 ci-devant.

(3) Le froment a dû être semé l'automne précédente, sur guéret préparé, et à défaut de guéret, sur la préparation indiquée à la première année de la décomposition 3°, page 35.

N° 3. Assolement de cinq ans.

Précis de cet assolement.

1re Année. Maïs, pommes de terre, ou autres plantes sarclées.

2e. Avoine rouge ou noire, puis trèfle et lupuline, dite minette dorée.

3e. Trèfle et lupuline coupés deux fois, retournés à la mi-octobre, puis froment.

4e. Récolte de froment, puis lupins, et ensuite froment.

5e et dernière. Récolte de froment, puis raves, etc., pour recommencer.

Mode d'exécution de cet assolement.

1re Année. Sur la même préparation que celle de la première année de l'assolement n° 1, maïs ou pommes de terre, fumés ou largement terreautés, semés et traités exactement comme ceux de la même première année de cet assolement, p. 21, ou autres plantes sarclées, soit potagères ou légumineuses, traitées à la manière des jardiniers.

2°. Sans autre préparation que celle résultante de l'enfouissement des tiges du maïs, ou de l'éradication des pommes de terre, et sur un bon labour donné à la fin de février ou au commencement de mars, dans le cas où l'on aura cultivé des plantes de jardinage, avoine rouge ou noire, et ensuite trèfle et lupuline, semés et traités comme ceux de la deuxième année de l'assolement n° 1, page 27.

3°. Trèfle et lupuline coupés deux fois, et ensuite froment, traités comme ceux de la troisième année de l'assolement n° 2, page 42.

4°. Froment pioché en mars, et butté légèrement au buttoir en avril ou mai, entretenu ensuite bien net d'herbes, et coupé en juillet ou en août; c'est-à-dire, dans son état de parfaite maturité. Puis, sur un menu labour donné à toute la profondeur possible, immédiatement après la récolte du froment,

lupins semés en lignes espacées de huit
pouces, et à bouquets de trois grains,
espacés aussi entre eux de huit pouces
dans la raie, retournés avant la mi-octobre par un bon labour à la bêche,
sur lequel on sème ensuite le froment,
en lignes espacées de six pouces, dont
cinq pleines et une vide alternativement, et à bouquets de six à huit grains
aussi distans de six pouces dans la raie.

5e et dernière année. Froment, puis
raves ou navets et haricots, traités
exactement comme ceux de l'assolement n° 1, page 50, pour recommencer la même rotation, par l'enfouissement des plantes montantes ou en fleurs
restées sur place, par un bon labour à
la bêche donné à la mi-avril, sur lequel on sème de nouveau le maïs ou la
pomme de terre, ou l'un et l'autre séparément, ou enfin d'autres plantes
sarclées convenables.

Cependant il est peu de proprié-
taires qui puissent ou qui voudraient
se passer de leurs récoltes principales

pendant plusieurs années consécutives, comme il arriverait si l'on commençait cet assolement ; et si on le continuait tel qu'il est décrit sur toute la propriété. Dans ce cas, on évitera cette trop longue privation, en divisant cette propriété en cinq portions égales, que l'on distinguera par les n°ˢ 1, 2, 3, 4 et 5 ; après quoi, on commencera cet assolement dès la première année de l'entreprise, 1°. par sa première année sur la portion n° 1 ; 2°. par sa deuxième année sur la portion n° 2, et ainsi de suite.

Le tableau précédent, que l'on pourra consulter pour l'application de ces nouvelles combinaisons, suffira pour guider sûrement le cultivateur. Par ce moyen, il aura dès la première année de son entreprise, et toutes les autres années de même, tous les produits de cet assolement ; c'est-à-dire, chaque année un cinquième de la propriété en maïs ou pommes de terre, ou l'un et l'autre, avec les autres plantes sarclées qu'il jugera lui mieux convenir ;

un second cinquième en avoine, un autre en trèfle et lupuline, et les deux derniers cinquièmes en froment, auquel succéderont les raves ou navets et les haricots, et conséquemment tous les produits convenables à ses besoins et à ses vues particulières.

N° 4. Assolement de huit ans, avec prairies artificielles prolongées.

Précis de cet assolement.

1re Année. Orge ou avoine avec trèfle et sainfoin, fumés ou largement terreautés.

2e. Trèfle coupé deux ou trois fois.

3e. Beau mélange de trèfle et de sainfoin, coupé une ou deux fois.

4e. Sainfoin ordinairement magnifique, coupé une ou deux fois.

5e. Bon sainfoin coupé une fois, retourné en octobre, puis froment.

6e. Récolte de froment, puis raves ou navets et haricots.

7e. Plantes restées sur place, retour-

nées en avril, puis maïs, et ensuite froment.

8ᵉ et dernière Année. Récolte de froment, puis raves ou navets et haricots,
pour recommencer.

Mode d'exécution de cet assolement.

1ʳᵉ Année. Sur la même préparation
que pour le maïs, voyez pour cette
préparation la première année de l'assolement n° 1 , pages 21 et 22 ; orge ou
avoine semées en mars , en lignes espacées de six pouces seulement , dont
cinq pleines et une vide alternativement, et de suite trèfle et sainfoin semés l'un et l'autre à la manière et à la
quantité ordinaires , et soigneusement
couverts au rateau.

On choisit pour ce triple ensemencement un beau jour, et un moment
où la terre , sans être mouillée , soit
néanmoins assez fraîche pour pénétrer
toutes ces semences de l'humidité nécessaire à leur germination , dont on

favorise ensuite les développemens par des sarclages rigoureux exécutés à mesure des besoins.

2°. Trèfle coupé deux ou trois fois, selon que la température lui est plus ou moins favorable, puis la troisième ou quatrième pousse conservée intacte jusqu'à la première coupe de l'année suivante.

3°. Beau mélange de trèfle et de sainfoin, coupé une fois, puis conservé intact comme la dernière pousse de la seconde année.

4°. Sainfoin magnifique, largement alimenté des débris du trèfle coupé deux fois, puis encore conservé intact comme les deux dernières pousses des deux années précédentes.

5°. Belle récolte de sainfoin coupé une fois, puis conservé intact jusqu'aux premiers jours d'octobre, retourné alors par un bon labour à la bêche, sur lequel on sème le froment, comme celui de la troisième année de l'assolement n° 2, page 42.

6°. Froment, puis raves ou navets et haricots nains, traités exactement comme ceux de la troisième année de l'assolement n° 1, pages 31 et 32.

7°. Raves en fleurs, retournées à la mi-avril par un bon labour à la bêche, sur lequel maïs semé en mai, et traité comme celui de la première année de l'assolement n° 1, page 22, puis froment semé après la mi-octobre, comme celui de la troisième année de l'assolement n° 2, page 42.

8e et dernière année. Froment, puis raves ou navets, avec carottes ou chicorée et haricots nains, traités exactement comme ceux de la troisième année de l'assolement n° 1, pages 31 et 32.

Après quoi, on recommence la même rotation l'année suivante, par l'enfouissement en mars des plantes restées sur place, par un bon labour à la bêche, sur lequel on sème l'orge ou l'avoine avec le trèfle et le sainfoin.

Dans le cas où il y aurait insuffisance de bras, etc., on peut continuer cet assolement, en prolongeant d'un ou de deux ans l'existence du sain-foin, dont on ranime la végétation, soit en le plâtrant, ou par des composts abondans, ou enfin en le couvrant en décembre de la cinquième année, avec des fumiers pailleux étendus à leur sortie de l'écurie ; ce qui offre aux récoltes suivantes des chances de succès beaucoup plus avantageuses, et donne un assolement de neuf ou dix ans à volonté. Au printemps suivant, on recueille avec le rateau les pailles lavées par les pluies, restées sur la prairie, et on les reporte aux écuries, où elles servent de nouveau pour les litières. Enfin, on peut commencer cet assolement par la culture du maïs ou de la pomme de terre, et des autres plantes sarclées convenables au terrain. Cette culture, avec le prolongement du sainfoin, donnera un assolement de dix ou onze ans à volonté.

Cet assolement convient surtout à ceux qui se trouvent à la proximité,

soit d'une ville ou d'un établissement
considérable, ou d'un lieu de passage,
et partout enfin où il se fait une grande
consommation de fourrages qui en offre un débit ordinairement très-avan-
tageux.

Si l'on voulait obtenir chaque année tous les produits de cet assolement,
on diviserait la propriété ou la partie
de propriété qu'on lui aura destinée,
en huit portions égales ou à peu près,
que l'on distinguera par les n°s 1, 2,
3, etc., et on commencera cet assolement, 1°. sur la portion n° 1, par sa
première année ; 2°. sur la portion n° 2,
par sa seconde année, et ainsi de suite.
Le tableau qui suit facilitera suffisamment au lecteur l'application de ces
combinaisons.

DE DÉCOMPOSITION ET D'APPLICA[TION]

Dressé dans le but d'obtenir toujour[s]

ANNÉES de l'entreprise.	ENSEMENCEMENS ET RÉCOLTES A EFFECTUER CH[EZ]			
	8e N° 1.	8e N° 2. (1)	8e N° 3. (2)	8e N° 4. (3)
1re.	Orge, etc., 1re	Trèfle, etc., 2e	Trèfle, etc., 3e	Sainfoin, etc.,
2e.	Trèfle, etc., 2e	Idem, 3e	Sainfoin, etc., 4e	Idem, etc.,
3e.	Trèfle, etc., 3e	Sainfoin, etc., 4e	Idem, etc., 5e	Froment, etc.
4e.	Sainfoin, etc., 4e	Idem, etc., 5e	Froment, etc., 6e	Maïs, etc.,
5e.	Idem, etc., 5e	Froment, etc., 6e	Maïs, etc., 7e	Froment, etc.
6e.	Froment, etc., 6e	Maïs, etc., 7e	Froment, etc., 8e	Orge, etc.,
7e.	Maïs, etc., 7e	Froment, etc., 8e	Orge, etc., 1re	Trèfle, etc.,
8e.	Froment, etc., 8e	Orge, etc., 1re	Trèfle, etc. 2e	Idem, etc.,

(Accolade à droite de chaque colonne : *année de l'assolement.*)

(1) Sur la même préparation que pour le maïs, page 21, on sème, pour cette [pre]mière année seulement, du trèfle incarnat avec le sainfoin, en remplacement du trèfle commu[n ou de] Hollande.

(2) Ici le trèfle incarnat remplace encore le trèfle commun ou de Hollande ci-dessus.

(3) On sème pour cette première année seulement, avec le sainfoin, du trèfle incarn[at, en] remplacement du trèfle commun ou de Hollande. (Voir, pour la préparation du terr[ain,] 1re année de l'assolement n° 1er, page 21.)

EAU

…L'ASSOLEMENT N° 4,

…roduits de cet assolement.

…ÉE DE L'ENTREPRISE SUR CHAQUE 8me DE LA PROPRIÉTÉ.

8e N° 5.		8e N° 6.		8e N° 7.		8e N° 8.	
		(5)		(6)		(7)	
…oin, etc., 5e	année de l'assolement.	Froment, etc., 6e	année de l'assolement.	Maïs, etc., 7e	année de l'assolement.	Froment, etc., 8e	année de l'assolement.
…ent, etc., 6e		Maïs, etc., 7e		Froment, etc., 8e		Orge, etc., 1re	
…, etc., 7e		Froment, etc., 8e		Orge, etc., 1re		Trèfle, etc., 2e	
…ent, etc., 8e		Orge, etc., 1re		Trèfle, etc., 2e		Idem, etc., 3e	
…, etc., 1re		Trèfle, etc., 2e		Idem, etc., 3e		Sainfoin, etc., 4e	
…r, etc., 2e		Idem, etc., 3e		Sainfoin, etc., 4e		Idem, etc., 5e	
…z, etc., 3e		Sainfoin, etc., 4e		idem, etc., 5e		Froment, etc., 6e	
…oin, etc., 4e		Idem, etc., 5e		Froment, etc., 6e		Maïs, etc., 7e	

…On sème, cette année, le trèfle incarnat seul, sur la même préparation que pour le …page 21.

…Pour la préparation à l'ensemencement du froment, voir la 1re année de la décompo-…30. de l'assolement n° 1er, page 35.

…Pour la préparation à l'ensemencement du maïs, voir la 11e année de l'assolement …, page 21.

…Pour la préparation à l'ensemencement du froment, voir la première anuée de la dé-…sition; 3o. de l'assolement n° 1er, page 35.

N° 5. ASSOLEMENT DE DIX ANS, AVEC PRAIRIES ARTIFICIELLES DE PLUS LONGUE DURÉE.

Précis de cet assolement.

1re Année. Grosse avoine rouge ou noire, puis trèfle et sainfoin, largement fumés ou terreautés.

2e. Trèfle coupé deux fois, puis conservé intact jusqu'à la première coupe de l'année suivante.

3e. Beau mélange de trèfle et de sainfoin, coupé une fois, puis fromentale sursemée, le tout conservé intact comme le trèfle de l'année précédente.

4e. Sainfoin magnifique, largement alimenté des débris du trèfle, coupé une ou deux fois, puis conservé intact jusqu'à la première coupe de la cinquième année.

5e. Beau mélange de sainfoin et de fromentale, coupé deux fois, puis conservé intact comme le sainfoin précédent.

6ᵉ. Mélange magnifique de fromentale et de sainfoin, coupé deux fois, puis conservé intact jusqu'en novembre, et retourné alors en dos d'âne avec la piémontoise.

7ᵉ. Dos d'âne bien égalisés, rompus à la pioche ; puis orge commune, et ensuite lupins ou spergule pour engrais, sur lesquels froment.

8ᵉ. Récolte de froment, puis raves ou navets, etc.

9ᵉ. Raves ou navets en fleurs, enfouis pour engrais, puis maïs, et ensuite froment.

10ᵉ et dernière année. Récolte de froment, puis raves ou navets et carottes ou chicorée avec haricots nains, pour recommencer.

Mode d'exécution de cet assolement.

1ʳᵉ et 2ᵉ Années. Comme la première et la deuxième année de l'assolement n° 4, pages 55 et 56.

3ᵉ. Beau mélange de trèfle et de

sainfoin, coupé une fois; puis de suite, sur un léger remuement ou grattement de la surface du sol, exécuté avec le tri-dent, fromentale semée comme la salade des jardins; après quoi, on la couvre très-légèrement au trident, et on conserve le tout intact jusqu'à la première coupe de l'année suivante.

4ᵉ. Sainfoin magnifique, largement alimenté des débris du trèfle, coupé deux fois, et la troisième pousse conservée intacte jusqu'à la première coupe de la cinquième année.

5ᵉ. Beau mélange de sainfoin et de fromentale, coupé deux fois, puis encore conservé intact jusqu'à la première coupe de la sixième année.

6ᵉ. Mélange magnifique de fromentale et de sainfoin, coupé deux fois, ensuite conservé intact jusqu'en novembre, retourné alors en dos d'âne, ou mieux en cônes ou pains de sucre avec la piémontaise.

7ᵉ. Dos d'âne ou cônes bien divisés et égalisés avec la pioche, à la fin de février ou au commencement de mars ; puis, sans autre préparation, orge commune semée en mars, en lignes espacées de six à sept pouces, dont cinq pleines et une vide alternativement, buttée au buttoir en avril, ensuite entretenue bien nette d'herbes, et récoltée en juillet.

Puis, sur un très-menu labour donné immédiatement après la récolte, à toute la profondeur possible, lupins semés de suite en lignes espacées de sept à huit pouces, et à bouquets de deux grains seulement, aussi séparés de sept à huit pouces dans la raie. On butte le lupin au commencement de septembre, si son développement le permet, et on le retourne à la mi-octobre par un bon labour à la bêche, sur lequel on sème le froment, comme celui de la deuxième année de l'assolement n° 2, page 42.

8ᵉ. Froment, puis raves ou navets et haricots, le tout traité exactement comme ceux de la troisième année de l'assolement n° 2, page 43.

9ᵉ. Raves en fleurs, retournées à la mi-avril par un bon labour à la bêche, sur lequel maïs semé en mai, et traité comme celui de la première année de l'assolement nº 1, pages 22 et 23.

Puis, froment semé en octobre, comme celui de la deuxième année du même assolement nº 1, page 29.

10ᵉ et dernière Année. Froment, puis raves ou navets, avec carottes ou chicorée et haricots nains, traités exactement comme ceux de la troisième année de l'assolement nº 1, page 30.

Après quoi, on recommence la même rotation l'année suivante, par l'enfouissement en mars des plantes restées sur place, par un bon labour à la bêche, sur lequel on sème l'avoine, le trèfle et le sainfoin.

On peut faire de cette rotation ou succession de cultures, un assolement régulier de douze années, en la commençant par la culture des plantes sarclées, notamment du maïs et des pommes de terre; et en prolongeant d'une année l'existence de la fromentale et du sainfoin, dont on ranime la végétation par des composts abondans, ou en les couvrant avant les grands froids, avec des fumiers pailleux étendus à leur sortie de l'écurie, et autant que possible le soir, ou mieux avant une pluie près de tomber; ce qui offre aux récoltes suivantes des chances de succès beaucoup plus favorables, et donne un assolement de douze années.

De même que le précédent, cet assolement convient éminemment à ceux qui ont de grandes étendues, et particulièrement, 1°. lorsqu'on ne peut se procurer à un prix modéré les bras nécessaires pour les travaux exigés par les assolemens de moins longue durée, décrits précédemment ; 2°. lorsque l'exploitation se trouve à une trop grande distance des lieux de vente, circonstance qui oblige le cultivateur à se livrer à l'éducation ou à l'engrais des bestiaux, qui, dans ce cas, offrent l'emploi le plus avantageux aux yeux

des agronomes les plus judicieux, tant
anciens que modernes ; 3°. et lorsque
surtout l'on se trouve à la proximité,
soit d'une ville ou d'un établissement
considérable, ou d'un lieu de passage,
et partout enfin où il se fait une grande
consommation de fourrages qui en assure un débit avantageux.

N° 6. ASSOLEMENT DE SEPT ANS, AVEC PATURAGE.

Précis de cet assolement.

1re Année. Avoine fumée, et de
suite lupuline, pimprenelle et fromentale sursemées.

2e et 3e. Pâturage.

4e. Pâturage retourné en novembre.

5e. Orge commune, puis lupins, et
ensuite froment.

6e. Froment, puis raves ou navets
et haricots.

7e et dernière Année. Maïs ou pommes de terre, pour recommencer.

Mode d'exécution de cet assolement.

1re Année. Sur la même préparation que pour le maïs de la première année de l'assolement n° 1, page 21. ci-devant, avoine largement fumée ou terreautée, semée en lignes espacées de six pouces, dont cinq pleines et une vide alternativement ; puis lupuline, pimprenelle et fromentale mélangées, semées de suite et couvertes au rateau. On emploie, pour cet ensemencement, une livre et demie de graine de lupuline, pareille quantité de graine de pimprenelle, et trois livres de fromentale, pour une surface de deux cent cinquante toises carrées. On entretient ce quadruple ensemencement bien net d'herbes jusqu'à la récolte d'avoine ; après quoi, on conserve les jeunes herbes intactes jusqu'à la mi-avril de l'année suivante.

2e. Année. Pâturage.

3e. Pâturage.

4ᵉ. Pâturage, retourné en novembre
à la piémontoise et en dos d'âne.

5ᵉ. Dos d'âne bien divisés et égalisés
à la pioche, en fin de février ou au
commencement de mars ; puis, sans
autre préparation, orge commune semée en mars, en lignes espacées de six
pouces, dont cinq pleines et une vide
alternativement. On pioche et on butte
ensuite légèrement l'orge au buttoir,
et on l'entretient ensuite bien nette
d'herbes jusqu'à la récolte.

Puis, sur un labour donné immédiatement après la récolte, à toute la profondeur possible, lupins ou fèves de
printemps, semées de suite en lignes
espacées de sept pouces ; la fève se répand en lignes, sans autres précau-
tions ; mais le lupin se sème à bouquets de deux grains seulement, séparés de six pouces dans la raie. On
butte au buttoir, soit la fève ou le
lupin, dans les premiers jours de septembre, après un sarclage rigoureux,
et on les retourne avant la mi-octobre,

par un bon labour à la bêche, sur lequel on sème le froment sur la fin du
même mois, comme celui de la seconde
année de l'assolement, n° 1, p. 29.

6ᵉ Année. Froment, puis raves ou
navets et haricots, traités comme ceux
de la troisième année de l'assolement
n° 1, pages 30 et suivantes.

7ᵉ et dernière Année. Raves ou navets en fleurs, retournés à la mi-avril
par un bon labour à la bêche, sur
lequel maïs ou pommes de terre, traités
comme le maïs et la pomme de terre
de la première année de l'assolement
n° 1, pour recommencer. Voyez la
première et la deuxième année de cet
assolement n° 1, pages 22 et suivantes.

Il serait facile de multiplier davantage ces combinaisons; mais ce serait
peut-être fatiguer inutilement le lecteur et l'embarrasser sur le choix. Au
surplus, les documens que nous avons
donnés précédemment, page 19, suffiront pour le mettre à même de varier
davantage ses assolemens, selon ses besoins ou ses vues particulières.

CONCLUSION DE LA 1re SECTION.

Nous avons donné, dans le petit nombre de combinaisons qui précèdent, les moyens non-seulement de varier beaucoup les produits des mauvais fonds de la petite culture, mais ceux encore de les obtenir plus abondans et bien supérieurs à ceux qu'elle pourrait obtenir sans le secours de ces combinaisons. Enfin, on a déjà vu le nécessaire remplaçant la pénurie chez l'indigent, et nous lui avons ouvert ensuite de nouvelles sources d'aisance et de bien-être, où il peut puiser à volonté. Nous espérons assurer de plus en plus son bonheur, et lui rendre enfin, par de nouvelles combinaisons et dans tous les cas, toute la prééminence qui lui appartient. Le tableau de sa félicité réjouira bientôt le lecteur, et son bonheur sera la plus douce récompense de nos efforts.

SECTION IIe.

AMÉLIORATIONS , ASSOLEMENS ET VÉGÉ-
TAUX , CONVENABLES AUX TERRES DE
MOYENNE CONSISTANCE.

On range assez ordinairement dans cette division, les terres qui, par la réunion de leurs composans, s'éloignent à peu près également de l'incohérence des varennes, et de la ténacité des terres fortes ou argileuses. Ce sont principalement,

1°. Les terres argilo-siliceuses.

2°. Les argilo-calcaire-siliceuses.

3°. Les terres franches.

4°. Les alluvions limoneuses.

5°. Les chambonnages.

6°. Et enfin, la plupart des terres poreuses.

1°. Les terres argilo-siliceuses sont celles qui se composent à peu près ex-

clusivement de silice et d'alumine, ou,
si l'on veut, de sable et d'argile, dans
une proportion qui leur donne, en général, une consistance moyenne entre
les varennes et les argileuses; plus adhérentes que les varennes, elles le sont
beaucoup moins cependant que les argileuses, qui se distinguent facilement
par leur ténacité. Le mélange de la silice et de l'alumine, qui compose ces
espèces de terres, y varie à tel point,
que quelques-unes se rapprochent
beaucoup de la nature des varennes,
et d'autres de celle des terres argileuses ; elles sont les unes et les autres
plus ou moins fécondes, selon qu'il
s'y trouve plus ou moins d'humus ou
de débris, soit animaux ou végétaux
en dissolution : mais, en général, et
par exception aux terres suivantes,
elles n'admettent le chanvre qu'après
quelques rotations de cultures bien
soignées et judicieusement alternées.

Il est essentiel d'observer ici, pour
ne plus y revenir, que celles de ces

terres qui se rapprochent davantage de la nature des varennes, doivent être soumises aux assolemens de ces dernières; et que celles, au contraire, qui se rapprochent plus des argileuses, doivent s'assoler comme les argileuses.

2°. Les argilo-calcaire-siliceuses se composent, comme l'indique parfaitement cette dénomination, 1°. de sable soit siliceux, quartzeux ou graniteux; 2°. de chaux, soit primitive ou carbonatée; 3°. et enfin, d'alumine ou d'argile; mais ces matières s'y trouvent dans des proportions tellement variées, que l'analyse la plus exacte a offert aux premiers chimistes de l'Europe, opérant tous sur de bons fonds, dans diverses régions de cette partie du monde, une différence, 1°. pour l'alumine, de dix à vingt parties sur cent; 2°. pour le carbonate de chaux, celle de cinq à trente-sept; et enfin, pour la silice et autres matières analogues, celle de vingt-six à soixante-dix-huit mêmes parties sur cent.

Ces terres sont, comme les argilo-siliceuses, d'autant plus fécondes, qu'elles contiennent plus d'humus ou de substances soit animales ou végétales en décomposition. Lorsque ces dernières substances s'y trouvent dans une proportion de six à huit parties sur cent, et que l'alumine n'y dépasse guère le sixième de la totalité du mélange, elles rentrent dans la classe des terres franches ci-après.

3°. Les terres franches sont celles qui, douées des proportions les plus convenables de profondeur, de fraîcheur, de consistance et d'ameublissement, n'exigent qu'un travail facile ou peu dispendieux, et qui offrent, en général, les produits tout à la fois les plus variés, les plus riches et les plus abondans ; en sorte que le maître d'un tel fonds possède un vrai trésor, où il peut, pour ainsi dire, puiser à volonté, et presque sans peines ou dépenses qui méritent son attention.

Ces terres se composent, en propor-

tions très-variées, de calcaire ou carbonate de chaux, et de silice ou autres
matières analogues, avec une addition
d'alumine d'un sixième ou un cinquième au plus. Ordinairement pourvues d'une bonne provision d'humus
ou de matières animales et végétales
en dissolution, elles possèdent encore
à un haut degré, la faculté d'absorber les émanations atmosphériques qui
viennent continuellement se reposer
sur leur surface, et s'enrichissent toujours ainsi de plus en plus; en sorte
qu'elles jouissent pour la plupart d'une
fécondité presque inépuisable.

4°. Les alluvions limoneuses se composent de mélanges variés pour ainsi
dire à l'infini, 1°. de sables siliceux,
quartzeux ou graniteux, soit purs ou
carbonatés; 2°. de schistes calcaires et
quelquefois de chaux soit primitive
ou carbonatée; 5°. et enfin, d'alumine
avec une plus ou moins grande abondance de débris animaux et végétaux.
Toutes ces matières ou la plupart d'en-

tre elles, accumulées par les débordemens des rivières et des fleuves, forment ces alluvions auxquelles nous donnons la qualification de limoneuses, parce que les eaux, en se retirant, les laissent le plus souvent couvertes d'un limon gras et onctueux, qui les féconde considérablement.

5°. Les chambonnages désignés par quelques agronomes sous la dénomination de sables gras et frais, sont des alluvions moins récentes, originairement composées comme celles qui précèdent. On les trouve, de même que ces dernières, presque exclusivement le long des fleuves ou des rivières qui coulent sur un fonds uni ou au moins très-faiblement incliné. Ces sortes de terres ont à redouter les débordemens ordinairement fréquens, qui souvent anéantissent leurs produits, mais qui les laissent toujours couvertes d'une couche précieuse de matières animales et végétales solubles, qui leur transmettent pour les récoltes suivantes une étonnante fécondité. Quoique peu adhérentes pour la plupart, ces cham‑bonnages conservent néanmoins assez bien l'humidité nécessaire à une végé‑tation très‑productive, dans les mo‑mens même des plus grandes chaleurs, parce qu'elles sont sans cesse rafraî‑chies par les exhalaisons des eaux qui les avoisinent.

6°. Enfin, les terres poreuses pro‑prement dites, sont celles où les ma‑tières pulvérulentes lancées par les vol‑cans, et les débris des roches volcani‑ques entraînés par les eaux, se trou‑vent amalgamés avec la chaux, soit primitive ou carbonatée, la silice et l'alumine, dans des proportions qui les rendent éminemment perméables aux émanations atmosphériques. Quoi‑que ces terres soient, à raison de la porosité qui les distingue, extrême‑ment accessibles à l'action de la cha‑leur, des vents et du hâle, néanmoins ce vice est suffisamment réparé par leur aptitude à absorber les fluides de l'atmosphère , qui les rafraîchissent presque toujours suffisamment , pour en assurer les produits ordinairement très-riches et très-abondans.

La meilleure amélioration que l'on puisse donner à ces six espèces de terre (les poreuses exceptées), consiste à les diviser en billons de cinq mètres de largeur au plus, dirigés du nord au midi , et inclinés au levant. On leur applique avec encore plus de succès les procédés décrits sous les n°s 16, 17, 18, 19 et 20 de la première partie , lorsque surtout elles ont de la profondeur.

Les terres spécifiées ici sont susceptibles de tous les produits que l'on voudra leur confier ; cependant la fève et la vesce n'y donnent pas, en général, des récoltes aussi abondantes que sur les terres où l'argile domine ; et c'est la raison pourquoi on n'a introduit ces deux espèces de végétaux dans aucun des assolemens de cette deuxième section.

Il est aussi peu de circonstances qui puissent induire le cultivateur à soumettre ces sortes de terres à des assolemens avec pâturage, parce qu'on peut, en général, les employer plus avantageusement à d'autres productions. C'est ce motif qui nous a déterminés à ne donner qu'un assolement de ce genre, et nous ne le proposons que parce que, indépendamment de deux bonnes années de pâturage, il offre encore dans un nombre d'années donné, des produits équivalens à ceux des autres assolemens diversement combinés.

Les amendemens qui leur conviennent spécialement, sont les marnes calcaires; lorsque l'alumine et la silice s'y trouvent dans une égale proportion ou à peu près.

Enfin, à l'exception des fumiers trop chauds des bêtes cavalines, qui ne leur conviennent que dans les années fraîches, il n'est aucun engrais qui n'en augmente la fécondité; mais les marcs

des graines oléagineuses , le fumier des
bêtes à laine , et surtout l'engrais végétal stimulé d'une petite quantité de
poudrette ou de colombine, s'y adaptent avec des effets beaucoup plus mar-
quans que tous les autres.

N° 7. ASSOLEMENT BIENNAL , OU DE DEUX ANS.

Précis de cet assolement.

1ʳᵉ Année. Chanvre fumé, et ensuite
froment.

2ᵉ. Récolte de froment , puis raves
ou navets et haricots, ou bien seigle,
pour recommencer.

Mode d'exécution de cet assolement.

1ʳᵉ Année. Si la terre se trouve due-
ment préparée , on sème le chanvre,
comme il sera dit ci-après. Dans le cas
contraire , aussitôt après la récolte du
froment, on donne un demi-labour de

deux à trois pouces de profondeur seulement ; lorsque les grains et les graines
enterrés par le premier demi-labour,
ont bien levé ou se sont bien développés , on en applique un second de
quatre à cinq ou six pouces de profondeur , et on termine par un troisième
labour exécuté en décembre , à toute
la profondeur possible.

Si cependant la culture se trouve
battue et durcie par les pluies , on
donne en avril un quatrième labour
à la pioche ou bêche renversée ; après
quoi, on choisit un beau jour où la
terre , sans être mouillée , soit néanmoins assez fraîche pour pénétrer la
graine de l'humidité nécessaire à sa
germination ; alors on conduit le fumier sur la chènevière , on l'écarte et
on l'enterre avec la graine de chanvre,
à mesure de son arrivée sur le champ.
Ce mode d'ensemencement et d'emploi
des engrais que nous n'avons vu prati-
quer nulle part, produit souvent une
récolte double de celle qui résulte or-

dinairement du mode généralement en usage (1).

On plâtre le chanvre, lorsqu'il a atteint quelques pouces d'élévation, et on l'entretient ensuite toujours bien net d'herbes jusqu'à sa maturité.

La récolte étant faite, on sème après la mi-octobre, sans autre préparation, le froment en lignes espacées de six à sept ou huit pouces au plus, dont deux ou trois pleines et une vide alternativement, et à bouquets de cinq à six grains également distans entre eux, de six à huit pouces au plus dans la raie.

2ᵉ Année. Froment légèrement pioché au trident en mars, butté au buttoir en avril, sarclé soigneusement au besoin, et récolté en juillet ou en août, mais toujours à sa pleine maturité.

Puis, sur un seul labour donné im-

---

(1) On trouvera sous la note 5ᵉ, à la fin, une preuve frappante de cette vérité.

médiatement après la récolte, à toute
la profondeur possible, raves ou navets
semés à la volée, et couverts au rateau,
et de suite haricots nains semés en lignes
espacées d'un mètre (trois pieds), et à
bouquets de quatre ou cinq grains, distans entre eux de vingt pouces dans la
raie.

Haricots, raves ou navets piochés et
buttés en septembre, pour rendre à la
terre les plantes, soit étrangères, inutiles ou surnuméraires ; ce qui se fait
par une seule et même opération.

Gousses de haricots cueillies en octobre, avec le soin d'enfouir à mesure
leurs tiges et leur feuillage ; ce qui se
fait en les retournant par un simple
coup de bêche pour chaque bouquet.

Raves ou navets entretirés jusqu'aux
grands froids, et souvent jusqu'à la mi-
février de l'année suivante, de manière
néanmoins à les laisser assez épais, pour
garnir la terre au printemps, avec l'attention de rendre au sol les fanes ou le
feuillage, et les autres débris des plantes

enlevées ; ce qui se fait en les couvrant de suite d'un peu de terre avec la pioche ou la bêche. Après quoi, on recommence la même rotation par l'enfouissement, à la mi-avril, des plantes alors en fleurs, par un bon labour à la bêche, sur lequel on sème le chanvre à la fin du même mois ou au commencement de mai, avec une demi-fumure seulement, qui, dans les rotations suivantes, devient souvent inutile.

On pourrait remplacer ici les raves et les autres plantes indiquées précédemment, par du seigle qui, étant retourné en fin d'avril, donne un engrais excellent pour le chanvre ; mais nous ne l'indiquons que comme un supplément précieux, lorsque la rave et les autres plantes précédentes n'ont pas réussi. En effet, cet ensemencement de seigle est beaucoup plus cher que les autres, et ne donne que de l'engrais ; tandis que la rave ou le navet et les haricots offrent tout à la fois un engrais non moins précieux et encore plus

abondant, avec des produits qui surpassent souvent la principale récolte
en valeur.

Comme il est essentiel pour le père
de famille d'obtenir chaque année tous
les produits de cet assolement, parce
qu'ils amènent l'abondance et le bien-
être dans la maison, il divisera la partie
de sa propriété qu'il voudra soumettre
à cette rotation, en deux portions à
peu près égales, sur l'une desquelles
il la commencera par sa première année, et sur l'autre par sa seconde.

Le tableau suivant facilitera suffisamment au lecteur, l'application de
cet alternat sur chaque moitié de la
propriété.

TABLEAU

DE DÉCOMPOSITION ET D'APPLICATION

DE L'ASSOLEMENT N° 7,

Dressé dans le but d'obtenir, chaque année, tous les produits de cet assolement.

ANNÉES de l'entreprise.	ENSEMENCEMENS ET RÉCOLTES A FAIRE CHAQUE ANNÉE, sur chaque moitié de la propriété.	
	1re MOITIÉ de la propriété.	2e MOITIÉ de la propriété.
1re.....	Chanvre fumé, et ensuite froment. (V. la 1re année de cet assolement, p. 82.)	Froment semé d'automne(1), puis raves (V. la 2e année de cet assolement, p. 84.)
2e.....	Récolte de froment, puis raves, etc. (V. la 2e année de cet assolement, p. 84.)	Raves en fleurs retournées, puis chanvre(2) (V. la 1re année de cet assolement, p. 82.)

(1) Le froment se sème ici sur le guéret et fumé, et, à défaut de guéret préparé, sur les façons indiquées à la 1re année de la décomposition de l'assolement n° 1, page 35.

(2) Voyez, pour l'ensemencement du chanvre, le dernier alinéa de la 2e année de cet assolement, page 83.

N° 8. Assolement triennal ou de trois ans.

Précis de cet assolement.

1re Année. Maïs fumé, retourné en septembre, puis froment.

2e. Trèfle pour engrais végétal semé sur le froment, récolte de froment ; trèfle retourné en octobre, et ensuite froment.

3e. Récolte de froment, puis raves ou navets et haricots ou fèves d'hiver semés en septembre.

Mode d'exécution de cet assolement.

1re Année. Sur la même préparation que celle donnée pour le chanvre de l'assolement n° 7, voyez la première année de cet assolement, pages 82 et 83 ; maïs semé et traité comme celui de l'assolement n° 1, pages 22 et 23. On retourne le maïs aussitôt après la récolte des épis, par un bon labour à

la bêche, et on sème ensuite le froment comme celui de la première année de l'assolement n° 7, page 84.

2°. Froment légèrement pioché au
trident en avril, à un beau temps, et
en un moment où la terre ne se trouve
ni mouillée ni trop sèche; puis de suite
trèfle semé à la manière ordinaire, et
aussitôt couvert avec le même instrument. Ce dernier ensemencement fait,
on entretient ensuite le mélange bien
net d'herbes jusqu'à la récolte du froment, après laquelle on conserve le
trèfle intact jusqu'aux premiers jours
d'octobre; alors on le retourne par un
bon labour à la bêche, sur lequel on
sème de nouveau le froment à la fin
du même mois, comme celui de la
première année de l'assolement n° 7,
page 84.

3°. Froment, puis raves ou navets
et haricots, traités exactement comme
ceux de la seconde année de l'assolement n° 7, pages 85 et 86.

Après quoi, on recommence la même

rotation, par l'enfouissement des plantes en fleurs, par un bon labour à la
bêche donné à la mi-avril, sur lequel
on sème le maïs.

Dans le cas où l'ensemencement des
raves ou navets ne réussirait pas, on
sème en septembre, entre chaque rangée de haricots, trois raies de fèves
d'hiver, espacées de neuf pouces entre
elles et les haricots. Ces fèves se trou-
vant en fleurs à la fin d'avril de l'année suivante, on les retourne alors
pour engrais végétal, par un bon labour à la bêche, sur lequel on sème
le maïs en mai, pour recommencer.

Nous croirions insulter à l'intelligence du lecteur, en ajoutant ici un
tableau de décomposition et d'application de cet assolement. Les exemples
qui précèdent suffiront et au delà pour
le diriger à cet égard, tant pour cet
assolement, que pour ceux qui suivent.

N° 9. Assolement quadriennal pour des céréales exclusivement.

Précis de cet assolement.

1re Année. Maïs fumé ou largement terreauté, retourné en septembre, puis froment.

2e. Trèfle pour engrais végétal semé sur le froment, et retourné en octobre, puis froment.

3e. Récolte de froment, puis lupins retournés en octobre, et ensuite froment.

4e et dernière. Récolte de froment, puis raves ou navets et haricots, ou fèves d'hiver, pour recommencer.

Mode d'exécution de cet assolement.

1re et 2e Années. Comme les première et deuxième années de l'assolement précédent.

3e. Froment traité comme celui de la deuxième année de l'assolement n° 7, page 84 ; puis, sur un menu labour

donné à toute la profondeur possible,
immédiatement après la récolte du froment, lupins semés en lignes espacées
de sept à huit pouces entre elles, et à
bouquets de deux grains seulement,
distans également de sept à huit pouces
dans la raie. On pioche et on butte légèrement les lupins, lorsqu'ils ont atteint deux ou trois pouces de hauteur,
et on les retourne en fleurs en octobre,
par un bon labour à la bêche, sur lequel on sème le froment comme celui
de la première année de l'assolement
n° 7, page 84.

4e. Froment, puis raves ou navets
et haricots, traités exactement comme
ceux de la seconde année de l'assolement n° 7, p. 84, etc. ; ou bien fèves
d'hiver, traitées exactement comme
celles de l'assolement précédent, p. 91.

N° 10. Autre assolement quadriennal pour céréales.

Précis de cet assolement.

1re **Année.** Orge ou avoine, et trèfle sursemé pour engrais, puis froment.

2ᵉ. Froment, puis lupins retournés en octobre, et ensuite froment.

3ᵉ. Récolte de froment, puis raves ou navets et haricots, ou fèves d'hiver.

4ᵉ. Maïs pour grains et pour engrais, retourné en septembre pour recommencer.

Mode d'exécution de cet assolement.

1re Année. Sur la même préparation que pour le maïs, voyez la première année de l'assolement, n° 1, page 21 ; orge ou avoine semées en mars, en lignes espacées de six à sept pouces au plus, dont deux pleines et une vide alternativement. On semera avec succès sur toutes les terres de cette sec-

(95)

tion , l'orge soit commune ou céleste,
à bouquets de six à huit grains , espacés entre eux de six à sept pouces dans
la raie. Dans l'un et l'autre cas , on
pioche et on butte légèrement l'orge
ou l'avoine avec le trident en avril, à
un beau temps , et en un moment où
la terre se trouve bien ressuyée; après
quoi, on sème le trèfle à la manière et
à la quantité ordinaires; et on le couvre soigneusement avec le même instrument. Ce second ensemencement
terminé, on entretient ensuite le tout
bien net d'herbes jusqu'à la récolte de
l'orge ou de l'avoine, après laquelle
on conserve le trèfle intact jusqu'aux
premiers jours d'octobre; alors on le
retourne par un bon labour à la bêche,
sur lequel on sème le froment à la fin
du même mois, comme celui de la première année de l'assolement n° 7 ,
page 84.

2e. Froment, traité comme celui de
la seconde année du même assolement
n° 7, p. 84; puis lupins, semés et traités

comme ceux de la troisième année de l'assolement précédent, p. 92 et 93, et enfin froment, semé comme celui de le première année de l'assolement n° 7, page 84.

3e. Froment, puis raves ou navets et haricots, traités exactement comme ceux de la seconde année de l'assolement n° 7, page 84, etc. ; ou bien fèves d'hiver, traitées exactement comme celles de l'assolement n° 8, page 91.

4e. Plantes en fleurs restées sur place, enfouies par un bon labour à la bêche donné après la mi-avril, sur lequel on sème le maïs sans engrais, et on le traite ensuite comme celui de la première année de l'assolement n° 1, pages 22 et 23.

Après quoi, on recommence la même rotation l'année suivante, par l'ensemencement de l'orge ou de l'avoine, etc.

N° 11. 3ᵉ Assolement quadriennal pour céréales.

Précis de cet assolement.

1ʳᵉ Année. Orge ou avoine et trèfle pour engrais, puis froment.

2ᵉ. Froment, puis fèves d'hiver pour engrais.

3ᵉ. Maïs pour grains et pour engrais, puis froment.

4ᵉ. Récolte de froment, puis raves ou navets et haricots pour recommencer.

Mode d'exécution de cet assolement.

1ʳᵉ Année. Comme la première de l'assolement précédent, pages 94 et 95.

2ᵉ. Froment traité comme celui de la seconde année de l'assolement n° 7, page 84 ; puis, sur un menu labour donné immédiatement après la récolte, à toute la profondeur possible, fèves d'hiver semées en lignes espacées de

5

neuf à dix pouces, piochées et buttées le plus fortement possible en octobre ou novembre, et ensuite sarclées soigneusement à mesure des besoins.

3ᵉ. Fèves en fleurs retournées à la fin d'avril, par un bon labour à la bêche ; sur lequel maïs semé et traité comme celui de la première année de l'assolement nᵒ 1, page 22, et ensuite froment semé comme celui de la première année de l'assolement nᵒ 7, page 84.

4ᵉ et dernière. Froment, puis raves ou navets et haricots, traités exactement comme ceux de la seconde année de l'assolement nᵒ 7, pages 84 et suivantes.

Après quoi, on recommence la même rotation, par l'enfouissement des raves ou des navets, par un bon labour à la bêche, sur lequel on sème de nouveau l'orge ou l'avoine, etc.

N° 12. Assolement de norfolk ou de flandre, adapté a la petite culture.

Précis et mode d'exécution de cet assolement.

1ʳᵉ Année. Orge ou avoine et trèfle, semés et traités comme ceux de la première année de l'assolement n° 10, p. 94 et 95; à la différence cependant, qu'après la récolte de l'orge ou de l'avoine, le trèfle doit être conservé intact jusqu'à sa première coupe de l'année suivante.

2ᵉ. Trèfle coupé deux fois, puis encore conservé intact jusqu'au commencement d'octobre, et retourné alors par un bon labour à la bêche, sur lequel froment semé comme celui de la première année de l'assolement n° 7, page 84.

3ᵉ. Froment, puis raves ou navets et haricots, traités exactement comme ceux de la seconde année de l'assolement n° 7, pages 84 et suivantes.

5.

Dans le cas où l'ensemencement des raves ou des navets serait détruit par les insectes, on sème en septembre, entre chaque rangée de haricots, trois raies de féverolles ou fèves d'hiver, espacées de neuf pouces entre elles et les rangées de haricots. On les pioche et on les butte fortement en octobre, et mieux en novembre ; enfin, on les sarcle soigneusement à mesure des besoins.

4e et dernière année. Raves ou navets, ou bien fèves en fleurs, retournées à la fin d'avril par un bon labour à la bêche, sur lequel maïs semé et traité comme celui de la première année de l'assolement n° 1, pages 22 et suivantes, pour recommencer.

N° 13. ASSOLEMENT QUINQUENNAL OU DE CINQ ANS.

Cet assolement étant le même que le précédent, avec une plus longue durée de trèfle, il suffira de l'énoncer dans sa plus simple expression.

1re Année. Orge ou avoine fumées, et trèfle sursemé.

2e. Trèfle coupé deux ou trois fois, puis conservé intact jusqu'à sa première coupe de l'année suivante, mais plâtré en novembre.

3e. Trèfle coupé deux fois, retourné en octobre par un bon labour à la bêche, sur lequel froment.

4e. Froment, puis haricots, raves ou navets, ou bien fèves d'hiver.

5e et dernière année. Plantes en fleurs, soit fèves, raves ou navets, retournés après la mi-avril, par un bon labour à la bêche, puis maïs pour recommencer.

Application aux terres de cette seconde section, des assolemens avec prairies artificielles décrits dans la section première.

Les assolemens avec prairies artificielles, indiqués pour les terres légères de la première section, s'appliquant avec des succès encore plus marqués et beaucoup plus satisfaisans, à celles de moyenne consistance spécifiées ici, on pourra les soumettre aux assolemens décrits précédemment sous les n°s 3, 4, 5 et 6, selon les circonstances où l'on se trouvera. Mais ce renvoi ne suffirait pas pour nous acquitter envers un vrai connaisseur. La luzerne à laquelle nous n'avons encore assigné aucune place dans les rotations précédentes, est une plante précieuse qui donne un fourrage plus abondant, et bien supérieur à tous les autres. Loin d'épuiser la terre qui la nourrit, elle l'améliore au contraire considérablement; et, à raison de la longévité qui la distingue, elle économise encore davantage la main-d'œuvre aussi-bien que les engrais et les autres dépenses exigés ordinairement pour les autres plantes des prairies artificielles. Elle mérite donc, sous tous ces rapports, une place particulière dans les assolemens, tant de la petite que de la grande culture; et, malgré l'extrême désir que nous avons d'abréger ce volume, nous ne pouvons nous dispenser de lui assigner une place convenable dans nos assolemens.

N° 14. ASSOLEMENT DÉCENNAL POUR LA LUZERNE.

Précis et mode d'exécution de cet assolement.

1re Année. Sur la même préparation que pour le maïs, page 22, orge ou avoine, semée en lignes espacées de six pouces entre elles, dont deux pleines et une vide alternativement. On sème de suite la luzerne sur toutes les raies, tant pleines que vides; après quoi, on la couvre en promenant légèrement dans chaque raie, un bouquet de buisson d'un volume proportionné à la largeur de ces mêmes raies. On entretient ensuite le double ensemencement bien net d'herbes jusqu'à la récolte de l'orge ou de l'avoine; après laquelle on conserve la luzerne intacte jusqu'à la pre-

mière coupe de l'année suivante. **La**
précaution la plus essentielle pour le
succès de ce double ensemencement,
consiste à choisir, pour l'exécuter, un
beau jour, et un moment où la terre
bien ressuyée, soit néanmoins assez
fraîche pour pénétrer toutes les semences de l'humidité nécessaire à leur
germination.

2°. Luzerne coupée deux ou trois
fois au plus, puis la troisième ou quatrième pousse conservée intacte jusqu'à
sa première coupe de la troisième année.

3°. Luzerne coupée quatre ou cinq
fois et souvent plus, selon le climat
et la température.

4°. Comme la troisième. Après quoi,
on donne en novembre un labour de
deux pouces, avec une araire peu volu-
mineuse, et munie d'un soc étroit et le
plus émoussé possible. Avec ces pré-
cautions, ce labour suffit pour anéan-
tir les plantes parasites, sans offenser
celles de la luzerne. Enfin, on plâtre

la luzerne au printemps suivant, et on obtient ainsi de nouvelles récoltes souvent supérieures aux précédentes.

5ᵉ. Luzerne magnifique, coupée quatre ou cinq fois.

6ᵉ. Luzerne coupée trois ou quatre fois, puis pâturée, et retournée au commencement d'octobre par un bon labour à la bêche, sur lequel froment semé comme celui de la première année de l'assolement n° 7, page 84.

7ᵉ. Froment, puis raves ou navets et haricots, traités comme ceux de la seconde année de l'assolement n° 7, pages 84 et suivantes.

8ᵉ. Raves ou navets en fleurs, retournés aux environs de la mi-avril par un bon labour à la bêche, sur lequel chanvre fumé, semé comme celui de la première année de l'assolement n° 7, page 83. Après quoi, on sème le froment comme celui de la même première année du même assolement n° 7, page 84, sans autre préparation.

9ᵉ. Froment, puis raves ou navets

et haricots, traités comme ceux de la seconde année de l'assolement n° 7, pages 84 et suiv.

10e et dernière année. Raves ou navets en fleurs, retournés aux environs de la mi-avril par un bon labour à la bêche, sur lequel maïs semé dans les premiers jours de mai, comme celui de la première année de l'assolement n° 1, page 22, etc., pour recommencer.

Après les cinq années d'existence de la luzerne, la terre se trouve dans un état de fécondité, qui permet de lui confier alternativement le chanvre et le froment, avec la rave ou le navet et les haricots, qui donnent les produits tout à la fois les plus riches et les plus abondans. Ce mode d'emploi de la luzerne est ainsi une vraie mine d'or que tout propriétaire peut exploiter à volonté.

Enfin, on peut continuer cet assolement en prolongeant l'existence de la luzerne, dont on soutient la belle végétation par des labours pareils à celui de la quatrième année de cet assolement, et en en augmentant successivement les bons effets, d'abord par un plâtrage appliqué à propos, en second lieu par des composts abondans, et enfin, en la couvrant en décembre, avec des fumiers pailleux étendus à leur sortie de l'écurie.

N° 15. Assolement de six ans, pour le lin et le colza.

Précis et mode d'exécution de cet asso-lement.

1re. Année. Sur la même prépara-tion que pour le maïs, p. 21 et 22, lin de Riga largement terreauté (1), semé en avril à la volée, et très-légèrement couvert au rateau, entretenu ensuite bien net de mauvaises herbes, et ré-colté lorsque les capsules qui contien-

---

(1) La colombine mélangée de terreau est de tous les engrais celui qui convient mieux pour le lin.

nent les graines sont presque à moitié ouvertes.

Puis, froment semé comme celui de de la première année de l'assolement n° 7, page 84.

2e. Froment, légèrement pioché dans les premiers beaux jours de mars ou d'avril, puis de suite trèfle, semé à la manière et à la quantité ordinaires, et soigneusement couvert au trident. Après quoi, on entretient cet ensemencement bien net de mauvaises herbes, par des sarclages rigoureux opérés à mesure des besoins, jusqu'à la récolte du froment, après laquelle on conserve le trèfle intact jusqu'à la première coupe de l'année suivante.

3e. Trèfle coupé deux fois, puis conservé intact jusqu'à la fin de septembre ou au commencement d'octobre, retourné alors par un bon labour à la bêche, sur lequel on sème le froment, comme celui de la première année de l'assolement n° 7, page 84.

4e. Froment sarclé et pioché en mars,

butté légèrement en avril, et récolté en juillet ou en août; puis, sur un demi-labour donné immédiatement après cette récolte, et un second, exécuté à toute la profondeur possible, à la mi-septembre, colzas repiqués en octobre, en lignes espacées de dix-huit pouces, et à dix pouces de distance dans la raie. On enterre le plant jusqu'au collet exclusivement.

5e. Colzas sarclés, piochés et buttés en mars, puis encore buttés de nouveau en avril. Ces buttages s'opèrent en ramenant la terre des intervalles vides, sur les lignes plantées; ce qui donne des petits billons en double ados, ouverts de toutes parts aux influences bienfaisantes de l'air et des météores, qui fournissent aux plantes une nourriture abondante, et maintiennent la fécondité naturelle du sol pour les produits subséquens.

On entretient ensuite la terre bien nette d'herbes, par des sarclages exécutés au besoin, et après la récolte, on sème en pépinière de la graine du colza récolté (1), sur un menu labour donné immédiatement après cette récolte, à toute la profondeur possible. On donne un léger serfouissage en septembre, et on extrait les replants les plus beaux en octobre. Après quoi, on enfouit les colzas restans par un bon labour à la bêche, sur lequel on sème le froment, comme celui de la première année de l'assolement n° 7, page 84.

6ᵉ et dernière année. Froment,

---

(1) Cette théorie, quoique vicieuse au premier coup-d'œil, est néanmoins pleinement justifiée tout à la fois, et par le raisonnement et par l'expérience : les plantes, en général, exigent peu en effet de la terre, et l'épuisent conséquemment fort peu pendant les premières périodes de leur végétation, et elles puisent alors une bonne partie de leur nourriture dans l'atmosphère ; en sorte que, étant rendues à la terre avant leur fructification, elles lui rendent beaucoup plus qu'elles n'en ont tiré, et l'améliorent d'autant. Enfin, l'expérience démontre que le moment où la graine du colza s'échappe de ses gousses, est précisément celui qui convient mieux à son ensemencement. C'est le véritable instant indiqué par la nature, plus savante que la théorie ; car, dans ce cas, il se développe beaucoup mieux que dans tous les autres.

puis raves ou navets et haricots, traités comme ceux de la seconde année de l'assolement n° 7, pages 84 et suiv.

On recommence cet assolement par l'enfouissement des raves ou des navets en fleurs, par un bon labour à la bêche, sur lequel on sème le lin.

N° 16. ASSOLEMENT QUINQUENNAL, POUR L'OEILLETTE OU PAVOT.

Précis et mode d'exécution de cet assolement.

1re Année. Maïs ou pommes de terre, ou l'un et l'autre, semés séparément, et traités en tout exactement, comme ceux de la première année de l'assolement n° 1, pages 21 et suiv.

2e. Sans autre préparation que celle résultante de l'enfouissement des tiges et des fanes du maïs, et de l'éradication des pommes de terre, etc., pavots semés à la fin de février ou au commencement de mars, en lignes espacées de six pouces, dont une pleine

et une vide, alternativement. On les
enterre en promenant légèrement un
petit bouquet de buisson sur toute la
longueur de chaque ligne semée.

Il faut avoir le soin de semer le
pavot très-clair ; car après avoir été
éclairci, chaque plante doit se trou-
ver séparée des autres de dix pouces
dans la ligne. On l'esherbe et on l'é-
claircit soigneusement en avril ; après
quoi, on lui donne un léger buttage,
que l'on renouvelle quinze ou vingt
jours après. Ces buttages s'opèrent en
ramenant la terre des espaces vides
sur les lignes pleines au moyen du
buttoir.

La maturité s'annonçant par le des-
séchement de la plante et des capsules
qui contiennent la graine, on procède
à la récolte en penchant les tiges, et en
les agitant sur un linge placé au-dessous, pour recevoir cette graine.

La récolte étant faite, on donne un
labour à la pioche, sur lequel on sème
de suite, soit un mélange de vesce ou

de maïs quarantin, que l'on couvre à la pioche, ou de la spergule que l'on enterre au rateau. Enfin on enfouit, soit le mélange de vesces et de maïs ou la spergule, au commencement d'octobre, par un bon labour à bêche, sur lequel on sème le froment, comme celui de la première année de l'assolement n° 7, page 84.

3ᵉ. Froment, sur lequel trèfle, le tout traité comme le froment et le trèfle de la seconde année de l'assolement précédent, page 108.

4ᵉ. Trèfle et ensuite froment, traités comme ceux de la troisième année du même assolement précédent, p. 108.

5ᵉ et dernière année. Froment, puis raves ou navets et haricots, traités comme ceux de la seconde année de l'assolement n° 7, p. 84 et suiv., pour recommencer par l'enfouissement des raves ou navets en fleurs, par un bon labour à la bêche, sur lequel on sème de nouveau le maïs ou la pomme de terre.

N° 17. ASSOLEMENT DE CINQ ANS , POUR LA MOUTARDE BLANCHE , DITE GRAINE DE BEURRE.

Précis et mode d'exécution de cet assolement.

1ʳᵉ Année. Maïs ou pommes de terre, ou l'un et l'autre semés séparément, et traités en tout exactement comme ceux de la première année de l'assolement n° 1 , pages 21 et suiv.

2ᵉ. Sans autre préparation que celle résultante de l'enfouissement des tiges et du feuillage du maïs, et de l'éradication des pommes de terre, etc. , avoine ou orge, puis trèfle et ensuite froment, traités exactement comme ceux de la première année de l'assolement n° 10, pages 94 et 95.

3ᵉ. Froment traité comme celui de la seconde année de l'assolement n° 7 , page 84 ; puis, sur un léger labour, donné immédiatement après la récolte du froment , et un second exécuté à toute la profondeur possible, avant la mi-septembre, fèves d'hiver, semées en lignes espacées de huit pouces entre elles, sarclées, piochées et buttées en novembre.

4ᵉ. Fèves sarclées soigneusement en fin de mars, retournées à la fin d'avril, par un bon labour à la bêche, sur lequel on sème alors la moutarde blanche, en lignes espacées de six pouces, et à bouquets de deux ou trois grains aussi distans entre eux de six pouces dans la raie. On la pioche légèrement, lorsqu'elle a atteint deux ou trois pouces d'élévation, et on la récolte en juillet. Pour cela, lorsque le plus grand nombre des siliques sont mûres, on coupe les tiges avec précaution à la faucille, on les dépose à mesure sur des draps étendus à proximité de l'ouvrier ; on les met ensuite à couvert, jusqu'au moment où les gousses encore vertes ont complété leur maturité ; après quoi, on procède à l'écossage. Aussitôt après la récolte, on donne un léger labour de deux pouces de profondeur au plus, qui suffit pour déterminer la germination des graines échappées des siliques. On laisse bien développer les nouvelles plantes jus-qu'à la mi-octobre, et on les enfouit alors par un bon labour à la bêche, sur lequel on sème le froment à la fin du même mois, comme celui de la première année de l'assolement n° 7, page 84.

5e et dernière année. Froment, puis raves ou navets et haricots, traités exactement comme ceux de la seconde année du même assolement n° 7, p. 84 et suiv., pour recommencer.

N° 18. Assolement avec paturage.

Précis et mode d'exécution de cet asso-lement.

1re Année. Sur la même prépara-tion que pour le maïs, pages 21 et 22, orge semée en mars, en lignes espa-cées de six à sept pouces, dont trois

pleines et une vide, alternativement,
sarclée et piochée légèrement au trident, en avril, à un beau temps, et en
un moment où la terre se trouve bien
ressuyée ; puis de suite, trèfle semé à la
manière ordinaire, et soigneusement
couvert avec le même instrument (c'est-
à-dire au trident).

Orge récoltée en juillet, puis trèfle
conservé intact jusqu'aux premiers
jours d'octobre, retourné alors par
un bon labour à la bêche, sur lequel
on sème le froment, comme celui de
la première année de l'assolement n° 7,
page 84.

2e. Froment, puis raves ou navets
et haricots, traités comme ceux de la
seconde année de l'assolement n° 7,
pages 84 et suivantes.

3e. Raves ou navets en fleurs, enfouis à la mi-avril par un bon labour
à la bêche, sur lequel maïs ou pommes
de terre, semés et traités comme ceux
de la première année de l'assolement
n° 1, pages 22 et suivantes.

4e. Sans autre préparation que celle résultante de l'éradication des pommes de terre, ou de l'enfouissement des tiges et des fanes du maïs, avoine semée en mars, en lignes espacées de six à sept pouces au plus, dont deux ou trois pleines et une vide, alternativement, et de suite, lupuline, fromentale et pimprenelle, semées dans la proportion d'une livre et demie pour la pimprenelle et la lupuline, et de deux livres de fromentale pour une surface de dix ares, ou un peu plus de deux cent cinquante toises anciennes. On couvre soigneusement ces semences, en égalisant légèrement les raies ou rayons avec un rateau de fer ou de bois; et après la récolte de l'avoine, on conserve le pâturage intact jusqu'aux environs de la mi-avril de l'année suivante.

5e. Pâturage depuis la mi-avril jusqu'à la fin de novembre.

6e. Pâturage depuis avril jusqu'au commencement de décembre ; après

quoi, on retourne le pâturage en dos
d'âne avec la piémontoise.

7ᵉ. Dos d'âne bien divisés et égalisés
à la pioche, en fin de février ou au
commencement de mars ; puis, sans
autre préparation, orge commune ou
céleste, semée en mars, en lignes espacées de sept pouces, dont cinq pleines et une vide, alternativement, et à
bouquets de six à huit grains, aussi
espacés entre eux de sept pouces dans
la ligne. On pioche et on butte légèrement l'orge, soit commune ou céleste, en avril, et on l'entretient bien
nette d'herbes jusqu'à la récolte.

Puis, sur un labour donné immédiatement après la récolte de l'orge, à
toute la profondeur possible, lupins
ou fèves de printemps, semés de suite
en lignes espacées de sept pouces. La
fève, dans ce cas, se répand en lignes
sans autre précaution ; mais le lupin
se sème à bouquets de deux grains seulement, séparés de six à sept pouces
dans la raie. On butte, soit la fève ou

le lupin, au commencement de septembre, après un sarclage rigoureux, et on les retourne à la mi-octobre, par un bon labour à la bêche, sur lequel on sème le froment, comme celui de la première année de l'assolement n° 7, page 84.

8ᵉ et dernière année. Froment, puis raves ou navets et haricots, traités comme ceux de la seconde année du même assolement n° 7, p. 84 et suiv.

Quoique embarrassé pendant deux années consécutives d'un produit qui ne sera pas apprécié par tous les lecteurs, cependant celui qui entend un peu l'art du cultivateur, et qui connaît ses besoins les plus ordinaires, saura bien assigner à cet assolement sa juste valeur. Indépendamment, en effet, du pâturage beaucoup plus utile et plus avantageux qu'on ne l'imagine communément, il offre encore sur un terrain, et dans un laps de temps donné, non-seulement des produits équivalens au moins à ceux des autres rotations diversement combinées, mais encore une amélioration bien supé-ieure à celle que déterminent la plupart des autres assolemens. Enfin, il offre la facilité de prolonger le pâturage, d'une ou de deux annécs à volonté, sans soins ni dépenses, et cela avec des produits qui augmentent progressivement, au point que le pâturage devient, pour ainsi dire, inépuisable, et qu'il peut fournir, si l'on veut, un foin d'une qualité supérieure, très-hâtif et très-abondant.

Voilà un pas de plus fait vers le bien-être du cultivateur, devenu spéculateur. Nous l'assurerons définitivement, dans la section troisième et dernière qui va suivre.

6

SECTION IIIe.

AMÉLIORATIONS, VÉGÉTAUX ET ASSOLE-
MENS, CONVENABLES AUX TERRES FORTES
OU ALUMINEUSES, TENACES ET COM-
PACTES.

On range communément dans cette classe toutes les terres, soit jaunes, grises, verdâtres, ou de couleurs plus ou moins foncées, qui se distinguent par leur ténacité. Telles sont,

1°. Les argileuses, de couleur le plus souvent jaune ou grise, et quelquefois verdâtre.

2°. Et les terres fortes ou alumineuses, de couleur noire plus ou moins foncée.

1°. Les terres argileuses proprement dites, de couleur le plus souvent jaune ou grise, et quelquefois verdâtre, se composent presque exclusivement d'alumine, avec une partie de silice, qui n'excède pas communément la quatrième portion du mélange. Dépourvues à peu près également de calcaire et d'humus, elles se distinguent par une adhérence ou une ténacité, qui les rend d'autant plus imperméables aux émanations fécondantes de l'atmosphère, que l'alumine ou l'argile y abondent davantage; en sorte que l'alumine ou l'argile et la silice dont elles se composent presque exclusivement, étant infécondes de leur nature, ces terres exigent tous les soins et toute l'industrie du cultivateur pour les amener à un état satisfaisant de fécondité.

2°. Les terres fortes proprement dites, dont la couleur rembrunie décèle et atteste suffisamment la présence de l'humus, ou d'une portion quelconque de substances, soit animales ou végétales en dissolution, se composent en outre de l'humus, de deux tiers à trois quarts d'alumine, dont la silice complète à peu près le mélange. Sous le rapport de la fécondité, ces terres égalent à beaucoup près et surpassent même quelquefois celles de la seconde section, et elles conservent mieux qu'elles encore, tout à la fois les substances alimentaires que l'agriculture leur confie, et la fraîcheur nécessaire à une bonne végétation.

Ces deux espèces de terre exigent à peu près également un assainissement rigoureux, mais peu d'abris. Ceux qui leur conviennent, sont les haies vives très-espacées entre elles, et tenues toujours très-basses. On leur applique avec beaucoup d'avantages le procédé décrit sous le n° 13, p. 30 et suivantes de la 1re partie.

Elles exigent les unes et les autres des labours souvent répétés, exécutés à un beau temps, lorsqu'elles sont bien ressuyées, et toujours suivis d'un bon hersage avec la herse à dents de fer. La petite culture, en particulier, ne doit jamais négliger l'écorchure de la surface, lorsqu'elle se durcit, et

qu'elle oppose ainsi une barrière im-
pénétrable à l'insinuation des émanations atmosphériques.

Tous les engrais chauds, soit pailleux ou pulvérulens, leur conviennent éminemment ; tels sont les fumiers pailleux du cheval, de l'âne,
du mulet et des bêtes à laine, étendus
et couverts, autant que possible, à
leur sortie de l'écurie, et particulièrement les colombines, les fientes des
volailles, la poudrette, et surtout l'engrais végétal. Tous ces moyens d'a-
mélioration (disons-nous) conviennent également aux argileuses comme
aux terres fortes. Nous n'en ajoute-
rons pas d'autres pour ces dernières,
ordinairement pourvues de tous les
principes désirables de fécondité, parce
qu'à leur égard il serait dangereux de
vouloir mieux faire que la nature,
lorsqu'elle se montre aussi libérale
qu'elle le fait souvent sur ces terres
fortes et noires.

Mais il n'en est pas de même des

argileuses jaunes, grises ou verdâtres;
celles-ci veulent, en outre, des aman-
demens copieux pour les diviser, les
ameublir, et les ouvrir aux influences
de l'atmosphère. Tels sont, 1°. les sables purs; 2°. les marnes calcaires, ou
calcaires et siliceuses presque sans mélange d'alumine; 3°. la chaux éteinte
à l'air; 4°. les plâtres et les autres débris provenant des démolitions des
vieux bâtimens; 5°. les cendres lessi-
vées; 6°. les produits des fosses d'aisance, unis à des terres sablonneuses;
7°. et enfin, les composts formés des
mêmes terres mélangées avec des végétaux, etc.

Ces terres ayant donc reçu les améliorations détaillées ci-devant, améliorations qui sont surtout indispensables
pour les argileuses, soit jaunes, grises
ou verdâtres, on peut leur confier les
plantes désignées au tableau ci-après,
et les soumettre aux assolemens suivans, selon ce qui conviendra mieux
à chacun.

DES PLANTES LES PLUS USUELLES, SUSCEPTIBLES DE DONNER DE BONS PRODUITS,

SUR LES TERRES DE CETTE TROISIÈME SECTION.

PLANTES

POTAGÈRES.	LÉGUMINEUSES.	CÉRÉALES.	DES PRAIRIES ARTIFICIELLES.	TEXTILES ET OLÉAGINEUSES.
1°. Betterave.	1°. Fèves de printemps.	1°. Avoine rouge.	1°. Fromentale.	1°. Caméline.
2°. Cardes-poirées.	2°. Fèves d'hiver.	2°. Avoine de Hongrie noire.	2°. Lupuline.	2°. Chanvre.
3°. Navets.	3°. Gesses.	3°. Froment.	3°. Luzerne.	3°. Colza.
4°. Pommes de terre	4°. Haricots.	4°. Maïs.	4°. Sainfoin.	4°. Lin.
5°. Racine de disette	5°. Lupins.	5°. Millet.	5°. Spergule.	5°. Navette.
6°. Raves.	6°. Vesces de printemps.	6°. Orge commune.	6°. Trèfle de Hollande.	6°. Pavots.
7°. Toutes les plantes de jardinage.	7°. Vesces d'hiver.	7°. Orge nue ou céleste.	7°. Trèfle incarnat ou de Roussillon. Farouch.	7°. Raves.
		8°. Orge d'hiver.		
		9°. Panic.		
		10°. Sarrasin commun.		
		11°. Sarrasin de Tartarie.		

N° 19. ASSOLEMENT BIENNAL, OU DE DEUX ANS.

Précis de cet assolement.

1re Année. Froment semé d'automne, puis fèves d'hiver.

2e. Récolte de fèves, puis mélange de vesces de printemps et de maïs quarantin, ou mieux raves ou navets et haricots.

Mode d'exécution de cet assolement.

1re. Année. Sur guéret fumé, et à défaut de guéret, sur deux demi-labours, le premier de deux pouces de profondeur, donné immédiatement après la dernière récolte ; le second de quatre à cinq pouces, exécuté après que les graines et les grains couverts par le premier, ont bien levé, et une bonne façon à la bêche donnée à la fin de septembre, froment fumé, semé sur la fin d'octobre, en lignes espacées de

six à sept pouces, dont trois ou quatre
pleines et une vide, alternativement,
et à bouquets de six à huit grains,
aussi distans de six à sept pouces dans
la raie. On sarcle soigneusement, et
on pioche légèrement ce froment, dans
les premiers jours de mars, avec le trident, lorsque la terre est bien ressuyée. On le butte au buttoir en avril,
avec les mêmes circonstances; et enfin, on le récolte à sa parfaite maturité en juillet ou en août.

Puis, sur un labour donné de suite
à toute la profondeur possible, fèves
d'hiver semées en septembre, en lignes
espacées de dix pouces. On les pioche
et on les butte légèrement en novembre.

2e. Fèves piochées et buttées de
nouveau dans les premiers beaux
jours d'avril, ensuite entretenues bien
nettes d'herbes, et étêtées lorsque les
premières gousses commencent à se
former; enfin, coupées un peu avant
leur pleine maturité.

Puis, sur un bon labour, donné aussitôt après l'enlèvement des fèves, mélange de quatre cinquièmes de vesces de printemps, avec un cinquième de maïs quarantin semé à la volée, et couvert légèrement à la pioche ou bêche renversée, retourné dans les premiers jours d'octobre pour engrais végétal, par un labour à la bêche, sur lequel on sème le froment à la fin d'octobre, comme celui de la première année de cet assolement.

Quoique le mélange proposé ci-devant, offre au froment toutes les probabilités désirables de succès, on peut néanmoins lui substituer avec avantage, sur les terres fortes et noires, et sur les argileuses suffisamment améliorées, un ensemencement beaucoup moins coûteux, plus productif, et non moins favorable à la réussite du froment, c'est celui des raves ou navets avec le haricot, qui, traités comme ceux de la seconde année de l'assolement n° 7, donnent tout à la fois deux récoltes précieuses , et en même temps un engrais végétal non moins abondant , et d'une efficacité qui ne le cède nullement à celle du maïs et des vesces. Dans ce cas, on retourne les raves ou navets et les haricots, dans les premiers jours d'octobre, et on sème le froment à la fin du même mois.

On peut obtenir chaque année tous les produits de cet assolement, en divisant le terrain en deux parties égales, sur l'une desquelles on l'applique tel qu'il est, et en le commençant sur l'autre partie par sa seconde année , c'est-à-dire, par l'ensemencement des fèves en septembre , sur un seul labour donné après la récolte du froment.

Enfin, si le cultivateur possède une étendue trop vaste, pour pouvoir la semer toute entière en raves ou navets avec le haricot, il aura sur toutes les terres de cette section, la ressource du mélange proposé , qui exige moins

de main-d'œuvre, et qui offre un fourrage excellent, dont on pourra dis-
poser pour la nourriture des bestiaux,
dans le cas où la terre n'aurait pas besoin d'être soutenue par cet engrais,
ou dans celui où l'on pourrait le remplacer par d'autres.

N° 20. ASSOLEMENT TRIENNAL OU DE TROIS ANS.

Précis de cet assolement.

1re Année. Fèves d'hiver semées
d'automne, puis mélange de vesces et
de maïs pour fourrage ou pour engrais, et ensuite froment.

2e. Récolte de froment, puis raves
ou navets et haricots pour les terres
fortes et noires, et pour les argileuses
dûment améliorées, et colza en pépinière pour les argileuses auxquelles
on n'a pu donner de suffisantes améliorations.

3e. Plantes montantes enfouies pour

engrais, puis mélange d'orge ou d'avoine avec la vesce, et ensuite fèves d'hiver pour recommencer.

Mode d'exécution de cet assolement.

1re Année. Sur un très-menu labour, donné à toute la profondeur possible après la récolte, fèves d'hiver semées en septembre, en lignes espacées de dix pouces, soigneusement piochées et buttées en novembre. On pioche et on butte les fèves une seconde fois dans les premiers beaux jours d'avril ; on les étête, lorsque les premières gousses commencent à se former. Enfin on les coupe en juillet, un peu avant leur parfaite maturité.

Puis, sur un nouveau labour très-menu, donné de suite à toute la profondeur possible, mélange de vesces et de maïs, dans la proportion de trois quarts vesces sur un quart de maïs, semé et traité comme celui de la seconde année de l'assolement précédent, page 130.

Et enfin, froment semé comme celui de la première année de l'assolement n° 7, page 84.

2e. Froment traité comme celui de la seconde année de l'assolement n° 7 ; puis raves ou navets et haricots, semés et traités comme ceux de la même seconde année de l'assolement n° 7, page 84 et suiv.

3e et dernière année. Raves ou navets montans, retournés en mars par un bon labour à la bêche, sur lequel on sème un mélange de deux tiers d'avoine commune, et mieux d'avoine rouge sur un tiers de vesces de printemps, que l'on fait faucher en juillet ou en août, lorsque les siliques ou gousses des vesces commencent bien à brunir.

Puis, sur un bon labour donné immédiatement après cette récolte, fèves d'hiver semées et traitées comme celles de la première année de cet assolement.

On jugera aisément que cette succession de cultures ne conviendrait nullement sur une terre argileuse qui n'aurait pas encore été suffisamment amandée, à laquelle les haricots, la rave et l'orge ne conviennent nullement.

Nota. Le cultivateur devra bien se garder de semer à la seconde rotation, le mélange recommandé pour la troisième année de cet assolement. L'expérience nous a appris que cette plante, de même que les pois, ne peuvent reparaître avec succès sur le même terrain pour ses produits en grains, qu'après un laps de six années au moins. C'est ce défaut d'observation qui a déterminé quelques agriculteurs distingués, à proscrire la vesce comme une plante trop casuelle. Mais il est certain que ses produits ne sont pas moins assurés, et qu'ils sont au contraire beaucoup plus abondans que ceux de la plupart des autres végétaux, lorsqu'elle ne reparaît sur le même sol qu'une seule fois en neuf ou dix ans. On semera donc de l'orge ou de l'avoine sans mélange à chaque troisième année de

la seconde et de la troisième rotation,
sauf à revenir au mélange proposé à
la quatrième; au moyen de quoi, la
vesce ne reparaîtra sur le même terrain qu'une fois en neuf ans, et y donnera des produits également sûrs et
abondans.

N° 21. ASSOLEMENT QUADRIENNAL.

Précis de cet assolement.

1re Année. Fèves d'hiver semées
d'automne, puis mélange de vesces et
de maïs pour fourrage ou pour engrais, et ensuite froment.

2e. Froment et trèfle sursemé.

3e. Trèfle, puis froment.

4e. Froment, puis fèves pour recommencer.

Mode d'exécution de cet assolement.

1re Année. Comme la première année de l'assolement précédent, à la
seule différence que le froment, au
lieu d'être semé en lignes espacées de

six pouces, le sera en lignes distantes de huit pouces à peu près.

2ᵉ. Froment soigneusement sarclé et pioché en fin de mars ou dans la première quinzaine d'avril, à un beau temps ; puis trèfle semé à la volée et à la quantité ordinaire, bien couvert au trident.

3ᵉ. Trèfle coupé deux fois, puis conservé intact jusqu'aux derniers jours de septembre, retourné alors par un bon labour à la bêche, sur lequel froment semé à la fin d'octobre, comme celui de la première année de l'assolement n° 7, page 84.

4ᵉ et dernière année. Froment traité comme celui de la seconde année du même assolement n° 7, page 84.

Puis, sur un très-menu labour, donné de suite à toute la profondeur possible, fèves d'hiver semées en septembre, pour recommencer.

Nº 22. Autre assolement quadriennal.

Précis de cet assolement.

1ʳᵉ Année. Maïs ou pommes de terre, et ensuite froment.

2ᵉ. Froment, puis fèves d'hiver.

3ᵉ. Fèves, puis mélange de vesces et de fèves de printemps ou de maïs pour engrais, et ensuite froment.

4ᵉ. Froment, puis raves, etc., pour recommencer.

Mode d'exécution de cet assolement.

1ʳᵉ Année. Maïs ou pommes de terre fumés, semés et traités comme ceux de la première année de l'assolement nº 1, p. 21, etc.; à la différence cependant, que la pomme de terre et le maïs, au lieu d'être semés en lignes espacées de vingt-quatre pouces, le seront en lignes distantes de vingt-six à vingt-sept pouces; puis froment semé sur la fin d'octobre, comme celui de la première année de l'assolement nº 7, page 84.

2ᵉ. Froment pioché et butté fin de mars ou en avril, entretenu ensuite bien net d'herbes, puis récolté en juillet ou en août à sa parfaite maturité.

Puis, sur un labour donné de suite à toute la profondeur possible, fèves d'hiver semées en septembre, piochées et buttées en novembre.

3ᵉ. Fèves piochées et buttées de nouveau en avril, entretenues toujours bien nettes de mauvaises herbes, étêtées lorsque les premières gousses commencent à former, et coupées en juillet avant leur parfaite maturité.

Puis, sur un bon labour donné à toute la profondeur possible, immédiatement après l'enlèvement des fèves, mélange de vesces et de maïs ou de fèves de printemps, dans la proportion de deux tiers de vesces sur un tiers de maïs ou de fèves, semé et traité comme celui de la seconde année de l'assolement n° 19, page 130.

Puis, froment semé comme celui

de la première année de l'assolement n° 7, page 84.

4e et dernière année. Froment traité comme celui de la seconde année de l'assolement n° 7, page 84.

Puis, sur un bon labour donné de suite, raves ou navets et haricots, semés et traités comme ceux de la même seconde année de l'assolement n° 7, page 85, pour recommencer.

N° 23. Assolement décennal.

Précis de cet assolement.

1re Année. Fèves d'hiver semées d'automne; puis mélange de vesces et de maïs quarantin ou de fèves de printemps pour fourrage ou pour engrais végétal, et ensuite froment.

2e. Froment, puis raves ou navets et haricots.

3e. Avoine et trèfle.

4e. Trèfle, et ensuite froment.

5e. Froment, puis fèves d'hiver.

6ᵉ. Fèves, puis lupins, et ensuite froment.

7ᵉ. Froment, puis raves ou navets et haricots.

8ᵉ. Mélange d'orge ou d'avoine et de vesces, puis colza, et ensuite froment.

9ᵉ. Froment, puis raves ou navets et haricots.

10ᵉ. Maïs, puis fèves d'hiver, pour recommencer.

Mode d'exécution de cet assolement.

1ʳᵉ Année. Fèves d'hiver, puis mélange de vesces et de maïs, et ensuite froment, semés et traités exactement comme ceux de la première année de l'assolement n° 20, pages 133 et 134.

2ᵉ. Froment, puis raves ou navets et haricots, traités comme ceux de la seconde année de l'assolement n° 7, pages 84 et suiv.

3ᵉ. Raves ou navets restés sur place, retournés aux environs de la mi-mars,

par un bon labour à la bêche, sur lequel avoine rouge semée à la fin du
même mois, en lignes espacées de sept
à huit pouces, dont cinq pleines et
une vide, alternativement, piochée
légèrement au trident en fin d'avril,
à un beau temps, et de suite trèfle
semé à la volée, et soigneusement couvert avec le même instrument.

Avoine récoltée en août, puis trèfle
conservé intact jusqu'à sa première
coupe de l'année suivante, quelque
belle que puisse être sa végétation.

4e. Trèfle coupé deux fois, puis
conservé intact jusqu'à la fin de septembre, retourné alors par un bon
labour à la bêche, sur lequel on sème
le froment vers la fin d'octobre, en
lignes espacées de sept pouces, et à
bouquets de six ou sept grains, distans de six à sept pouces dans la ligne.

5e. Froment traité comme celui
de la troisième année de l'assolement
n° 1, page 30; puis fèves d'hiver,
semées et traitées comme celles de la

première année de l'assolement n° 20, page 133.

6ᵉ. Fèves piochées et buttés en avril, entretenues ensuite bien nettes de mauvaises herbes, étêtées lorsque les premières gousses ou siliques commencent à se former, et enfin coupées en juillet avant leur pleine maturité.

Puis, sur un bon labour donné de suite à toute la profondeur possible, lupins semés en lignes espacées de sept à huit pouces, et à bouquets de deux grains seulement, distans de sept à huit pouces dans la ligne. On pioche et on butte légèrement le lupin, lorsqu'il a atteint trois ou quatre pouces d'élévation, et on le retourne en octobre, par un bon labour à la bêche, sur lequel on sème deux ou trois semaines après, le froment comme celui de la quatrième année du présent assolement.

7ᵉ. Froment, puis raves ou navets et haricots, traités comme ceux de la seconde année de l'assolement n° 7, pages 84 et suiv.

8ᵉ. Raves ou navets restés sur place, retournés au commencement de mars, par un bon labour à la bêche, sur lequel on sème un mélange de deux tiers d'orge ou d'avoine, sur un tiers de vesces; que l'on fait faucher en juillet ou en août, lorsque les siliques ou les gousses de vesces commencent bien à brunir.

Puis, sur un labour à la piémontoise (pic) ou à la pioche, à toute la profondeur possible, colzas en pépinière, semés à la volée, soigneusement couverts au trident, sarclés, entretirés au besoin, et retournés au commencement d'octobre, par un bon labour à la bêche, sur lequel on sème le froment sur la fin d'octobre, comme celui de la quatrième année de cet assolement.

9ᵉ. Froment, puis raves ou navets et haricots, traités comme ceux de la seconde année de l'assolement n° 7, pages 84 et suiv.

10ᵉ et dernière année. Raves ou navets en fleurs, retournés à la mi-avril par un bon labour à la bêche, sur lequel maïs sémé et traité comme celui de la première année de l'assolement n° 1, pages 22 et 23.

Puis, sur l'enfouissement des tiges et des fanes du maïs, par un bon labour à la bêche donné après la récolte des épis, fèves d'hiver semées en septembre pour recommencer.

N° 24. Autre assolement décennal, avec prairies artificielles prolongées.

Précis de cet assolement.

1re et 2e Années. Comme les première et deuxième années de l'assolement précédent, page 140.

3e. Avoine, trèfle et sainfoin.

4e. Trèfle coupé deux fois, fromentale sursemée.

5e. Mélange de trèfle et de sainfoin.

6e. Mélange de sainfoin et de fromentale.

7ᵉ. Mélange de fromentale et de sain-foin.

8ᵉ. Orge ou avoine et vesces, puis lupins.

9ᵉ. Froment, puis raves ou navets et haricots.

10ᵉ. Maïs, puis fèves d'hiver, pour recommencer.

Mode d'exécution de cet assolement.

1ʳᵉ et 2ᵉ Années. Comme les première et seconde années de l'assolement précédent, page 141.

3ᵉ. Avoine et trèfle avec sainfoin, semés chacun à la quantité ordinaire, et traités comme l'avoine et le trèfle de la troisième année du même assolement, pages 141 et 142.

4ᵉ. Trèfle coupé deux ou trois fois, selon que la température lui est plus ou moins favorable; puis, sur un léger remuement de la surface avec le trident, fromentale semée comme la salade, et soigneusement, mais très-légèrement couverte au rateau. Après quoi, on conserve le trèfle intact jusqu'à sa première coupe de l'année suivante.

5e. Beau mélange de sainfoin et de trèfle, coupé deux fois, puis herbages conservés intacts jusqu'à leur première coupe de la sixième année.

6e. Très-beau mélange de sainfoin et de fromentale, coupé deux fois, puis conservé comme le précédent.

7e. Mélange magnifique de fromentale et de sainfoin, coupé une fois, ensuite conservé intact jusqu'à la mi-novembre, retourné alors en dos d'âne avec la piémontoise, et mieux en pains de sucre.

8e. Dos d'âne ou pains de sucre, égalisés et bien divisés à la pioche, sur la fin de février ou au commencement de mars, puis mélange d'un tiers d'orge ou d'avoine, sur deux tiers de vesces, semé en beau temps en mars, et couvert avec la pioche. On fauche en juillet ou en août, lorsque les siliques des vesces commencent à se dessécher.

Puis lupins, et ensuite froment, semés et traités comme ceux de la sixième année de l'assolement précédent, page 143.

9ᵉ et 10ᵉ Années. Comme les neuvième et dixième années de l'assolement précédent, pages 144 et 145.

N° 25. Assolement duodécennal, avec prairies artificielles de plus longue durée.

Précis de cet assolement.

1ʳᵉ Année. Fèves d'hiver, puis mélange de vesces et d'avoine, et ensuite froment.

2ᵉ. Froment, puis raves ou navets et haricots.

3ᵉ. Avoine avec trèfle et sainfoin.

4ᵉ. Trèfle.

5ᵉ. Mélange de trèfle et de sainfoin, puis fromentale sursemée.

6ᵉ. Sainfoin magnifique.

7ᵉ. Beau mélange de sainfoin et de fromentale.

8ᵉ. Mélange magnifique de fromentale et de sainfoin.

9ᵉ. Orge ou avoine et vesces, puis lupins, et ensuite froment.

10ᵉ. Froment, puis fèves d'hiver.

11ᵉ. Fèves, puis colza, et ensuite froment.

12ᵉ et dernière année. Récolte de froment, puis fèves d'hiver pour recommencer.

Mode d'exécution de cet assolement.

1ʳᵉ et 2ᵉ Années. Comme les première et seconde années de l'assolement nᵒ 20, page 132.

3ᵉ. Raves ou navets restés sur place, retournés au commencement de mars par un bon labour à la bêche, sur lequel avoine avec trèfle et sainfoin, semés successivement chacun à la quantité et à la manière ordinaires, dans les dix derniers jours de mars au plus tard.

On récolte l'avoine en juillet ou en août, et on conserve ensuite l'herbage intact jusqu'à sa première coupe de l'année suivante.

4⁰. Trèfle coupé deux ou trois fois, selon que la température lui est plus ou moins favorable, puis conservé intact jusqu'à sa première coupe de l'année suivante.

5⁰. Mélange de trèfle et de sainfoin, coupé une fois, puis, sur un léger remuement de la surface du sol avec le trident, fromentale semée comme on sème la salade, et soigneusement, mais très-légèrement couverte avec le même instrument; après quoi, on conserve la prairie intacte jusqu'à sa première coupe de la sixième année.

6⁰. Sainfoin magnifique, largement alimenté des débris du trèfle, coupé deux fois, puis conservé intact jusqu'à sa première coupe de la septième année.

7⁰. Beau mélange de sainfoin et de fromentale, coupé deux fois, puis encore conservé comme le sainfoin de l'année précédente.

8⁰. Mélange magnifique de fromentale et de sainfoin, coupé deux fois, puis pâturé jusqu'à la mi-novembre, retourné alors en forme de cônes ou pains de sucre à la piémontoise.

On peut prolonger d'un ou de deux ans l'existence de la fromentale et du sainfoin, par des composts abondans, ou en les couvrant en décembre, avant les grands froids, avec des fumiers pailleux étendus à leur sortie de l'écurie. Au printemps suivant, on recueille avec le rateau les pailles lavées par les pluies, restées sur la prairie, et on les reporte aux écuries où elles servent de nouveau pour les litières.

On nous opposera, sans doute, que tous ces mélanges sont combinés précisément en raison inverse des principes généralement adoptés, et nous en convenons; mais ces principes tiennent beaucoup de la théorie, et la théorie, quoique souvent fort utile, n'est cependant pas toujours infaillible. Nous pouvons lui opposer l'expérience; et en effet, ces mélanges ne laissent pas de donner , malgré ces principes, des produits également précieux et abondans, qui, loin d'épuiser la terre, l'améliorent au contraire considérablement, et enrichissent promptement ceux qui les adoptent à propos.

9ᵉ. Cônes ou pains de sucre, bien divisés et égalisés avec la pioche, sur la fin de février ou au commencement de mars, puis mélange d'avoine et de vesces , dans la proportion de trois quarts de vesces et un quart d'avoine, semé à la volée, et couvert à la pioche. On fauche ce double produit en juillet ou en août, lorsque les siliques des vesces commencent à se dessécher.

Puis, sur un très-menu labour donné de suite à toute la profondeur possible, lupins et ensuite froment, semés et traités comme ceux de la sixième année de l'assolement n° 23, page 143.

10ᵉ. Froment, traité comme celui de la deuxième année de l'assolement n° 7 , page 84 ; puis fèves d'hiver, semées et traitées comme celles de la

première année de l'assolement n° 20,
page 133.

11e. Fèves, puis lupins, et ensuite
froment, traités comme ceux de la
sixième année de l'assolement n° 23,
page 143.

12e et dernière année. Froment,
puis fèves d'hiver, traités comme ceux
de la seconde année de l'assolement
n° 22, p. 139. Voy. la note 6e, *in fine*.

On pourrait ajouter à ces assolemens
un grand nombre d'autres rotations diversement combinées ; mais celles que
nous avons décrites, suffiront pour donner au lecteur intelligent une juste
idée de ces sortes de combinaisons,
qu'il pourra varier pour ainsi dire à
l'infini, et toujours avec avantage, en
ne perdant jamais de vue les principes
que nous avons établis précédemment.

En dernière analyse, on a vu dans la
première section, le nécessaire remplaçant la pénurie chez l'indigent ;
nous lui avons ouvert dans la seconde
de nouvelles sources d'aisance et de

bien-être. Enfin, nous avons complété, dans cette troisième section, la garantie de sa prochaine félicité. C'est le spectacle de cette félicité que nous avons promis au lecteur : nous allons remplir cette promesse.

On ne le verra pas, à la vérité, décoré des insignes de la souveraineté, sacrifier son repos au bonheur des peuples, et s'attacher tous les cœurs. On ne le verra pas non plus à la tête des forces de l'Etat, acquérir, par son génie et son dévouement, des droits sacrés et imprescriptibles à la reconnaissance de ses concitoyens ; il ne saurait réprimer le vice ou protéger la vertu par des lois sages, puisées dans l'expérience du passé et la prévoyance de l'avenir. Enfin, son nom n'augmentera pas l'illustre nomenclature de ces ministres fidèles si chers à nos souvenirs ; et il sera rarement appelé à coopérer au maintien des lois et des règlemens de l'ordre social : de tels emplois sont réservés à d'autres mérites, à d'autres talens que les siens ; mais il n'en sera ni moins heureux ni moins utile. Déjà instruit à commander aux élémens mêmes, il sait exiger d'eux le tribut assuré de leurs inépuisables bienfaisances, pour son bien-être et pour celui de ses semblables. Les nombreux serviteurs que lui a donnés la toute bonté (serviteurs toujours utiles, toujours dévoués, jamais infidèles), accumulent à l'envi sous sa main protectrice, non - seulement le nécessaire, mais encore le superflu qui le fait puiser presqu'à volonté dans toutes les bourses, et le rend ainsi le centre, le mobile et le rémunérateur de tous les mouvemens, de tous les efforts, de tous les talens.

Cependant, sous l'humble toit d'une simple maisonnette, asile assuré de la paix et du bonheur, une épouse laborieuse et bien affectionnée, des enfans dociles et brillans de santé, tour à tour caressés ou caressans, bientôt disciples, et enfin héritiers de ses vertus simples mais réelles, sont pour lui des amis généreux qui toujours allégent ses peines, ou doublent ses joies et ses plaisirs en les partageant. Bienfaiteur de sa famille et de ses semblables, agréable à Dieu, chéri de tous, il exhale enfin dans le sein de la Divinité, le souffle léger qui anima ses vertus ; son âme jouit déjà de la félicité réservée à la bienfaisance..... Il a rempli les destinées sublimes pour lesquelles il fut appelé du néant.

FIN.

NOTES.

Note première.

« Dans beaucoup de lieux (dit le savant
» M. Bosc, Cours complet d'agriculture), on
» coupe la sommité de la tige du maïs peu
» après que la floraison est terminée, pour la
» donner en vert aux bestiaux, et ce sous la
» fausse considération que ce retranchement
» facilite ou mieux accélère la maturité des
» grains. On doit être fâché de voir Varennes
» de Fenilles partager cette erreur, dont les
» suites sont nuisibles et au grossissement et
» à la saveur du grain. En effet, d'abord on
» forme une très-large plaie dans la direction
» de la séve, plaie qui occasionne une déper-
» dition considérable de cette séve pendant
» plusieurs jours ; ensuite on prive la plante
» du suc que lui devaient fournir les deux ou
» trois feuilles supérieures. La théorie, en con-
» séquence, est très-opposée à cette pratique,
» ainsi qu'à celle bien plus générale encore
» d'arracher la plus grande partie des feuilles
» avant la maturité complète du grain. Je vou-
» drais donc qu'on retardât cette opération le
» plus possible, quoique ce retard nuise né-
» cessairement à la qualité des feuilles qui de-
» viennent plus dures et moins savoureuses à

» mesure qu'elles approchent de la caducité. »

Ce vœu est trop conforme, tout à la fois, aux principes et à l'expérience, pour ne pas le partager sans réserve.

NOTE DEUXIÈME.

Au lieu de semer en lignes et à bouquets espacés, comme il est dit au premier alinéa de la page 29 de la seconde partie, on peut semer comme à l'ordinaire en lignes espacées de huit pouces entre elles, et à toutes lignes sur les terres légères et sur celles de moyenne consistance peu fécondes. Ce mode d'ensemencement économise, à la vérité, beaucoup moins la semence que le précédent, ce qui fait, pour le cultivateur, une différence considérable dans les années surtout où les grains sont à un prix élevé : mais il conviendra mieux au plus grand nombre, parce qu'il est plus expéditif, et que le terrain étant d'ailleurs bien préparé, il donne, à peu de choses près, les mêmes résultats en grains avec une paille moins dure, et plus propre à la nourriture des bestiaux.

NOTE TROISIÈME.

Le buttoir est une petite pioche ou piochon, dont un côté offre un tranchant d'un pouce et demi à deux pouces de largeur sur six ou sept de longueur, et l'autre présente la forme d'une truelle de maçon, dont les ailes sont renversées en dehors dans toute leur longueur, avec un manche de quatre pieds et demi de longueur, fixé dans la douille séparative des deux lames. Après avoir appliqué le buttoir entre deux lignes de blé, l'ouvrier, en allant en arrière, ouvre entre ces deux lignes un petit rayon dont la terre, repoussée également de chaque côté par les deux ailes parallèles, chausse parfaitement le blé sans offenser ses racines. L'autre côté sert à couper les herbes étrangères en cas de besoin. Au moyen de cet instrument, un ouvrier peut butter en un jour plus de mille mètres de surface. Voyez la note suivante.

Note quatrième.

Le trident n'est autre chose qu'un petit rateau à trois dents parallèles de cinq à six pouces de saillie, légèrement recourbées en dedans, espacées d'un pouce et demi entre elles, et fixées à une tête ou traverse de quatre pouces de longueur sur deux de hauteur et un d'épaisseur.

On peut lui donner la forme de la binette des jardiniers, avec la seule différence qu'au lieu de deux pointes, on lui en donnera trois qui seront espacées d'un pouce et demi entre elles.

Enfin, on peut encore faire du buttoir et du trident un seul et même instrument à double usage, en donnant à un côté la forme du trident, et à l'autre celle du buttoir.

Note cinquième.

En général, la terre étant bien préparée, le cultivateur profite du premier moment favorable, pour conduire d'avance ses fumiers sur la chènevière. Non content de cette précaution, il l'étend souvent encore d'avance, en attendant qu'il survienne une température convenable pour procéder à l'ensemencement. Mais nous osons le dire, malgré l'opinion contraire manifestée par l'un de nos agronomes les plus distingués et les plus justement estimés, ce procédé est évidemment funeste et vicieux. Ici, en effet, l'expérience est parfaitement d'accord avec la théorie ; l'engrais ainsi exposé au contact de l'air et à l'action de la chaleur, du vent et du hâle, perd la majorité des principes fertilisans dont il était chargé à sa sortie de l'écurie ; les vents ou le hâle absorbent et dissipent successivement tour à tour, avec les substances animalisées les plus fécondes, les parties les plus atténuées, les plus légères et les plus solubles de l'engrais : en sorte qu'il ne reste quelquefois, en définitif, qu'une matière long temps inerte, et conséquemment presqu'entièrement inutile à la récolte qu'elle était destinée à alimenter.

Quoique facile à saisir, nous sentons fort bien néanmoins que cette théorie déjà condamnée en partie par un homme d'un talent supérieur, ne ferait pas fortune aux yeux de bien des personnes ; il nous devient donc indispensable de l'appuyer de quelques faits tirés de l'expériencé. Nous n'en citerons qu'un seul pour abréger ; mais nous espérons qu'il suffira pour convaincre même les plus difficiles à persuader.

Un de nos voisins, possesseur d'une bonne chènevière qui avait été jardin pendant une longue suite d'années, se préparait à y semer du chanvre. Son fumier était étendu sur le terrain depuis six jours entiers ; enfin, il sema le septième jour. Témoin oculaire de toute cette manœuvre, nous osâmes prédire que cet ensemencement ne réussirait pas ; mais nous fûmes hués comme l'hirondelle du bon Lafontaine. Cependant nous ne perdîmes pas l'espérance de donner à ce voisin une leçon profitable ; nous avions une chènevière à côté de la sienne, mais d'une qualité bien inférieure à cette dernière, et nous nous préparions à la faire semer. Déjà la graine était sur place, et pendant que le bouvier qui conduisait le fumier arrivait, nous fîmes semer un sillon, après quoi le fumier arrivant fut déposé sur ce sillon par mottes espacées aussi également que possible, et nous le fîmes étendre et enterrer de suite avec la semence. Cet ensemencement fut continué et achevé de la même manière. Cependant le voisin riait sous gorge de tout ceci, tandis que, de son côté, le pauvre métayer qui n'agissait ainsi qu'à contre-cœur, nous regardait de temps en temps avec des yeux qui exprimaient un violent mécontentement. Mais en définitif, notre récolte se trouva tellement supérieure à celle du voisin, qu'elle fut portée, sans contestation, à trois fois la valeur de cette dernière, et que le métayer comme le voisin ont adopté pleinement notre méthode.

NOTE SIXIÈME.

Nous avons indiqué, dans le cours de cet ouvrage, les époques généralement les plus convenables pour chaque ensemencement dans le climat où nous nous trouvons (le centre de la France), parce que nous n'avions guère en vue que notre voisinage ; mais si, par hasard, il prenait plus d'extension que nous ne l'avions d'abord présumé, le lecteur intelligent qui vivra sous un climat différent, concevra aisément que ces époques doivent être le plus souvent devancées dans les parties méridionales, et reculées dans les régions septentrionales de la France et autres pays. D'ailleurs, il est beaucoup de circonstances où le cultivateur ne pourrait pas toujours semer à ces époques, soit parce que, dans une entreprise un peu

considérable, les ensemencemens exigent beaucoup de temps, et qu'enfin ils peuvent être
retardés par différentes causes. Dans ces diverses circonstances, il faut avoir égard à la
température de l'année, au climat, et à la nature plus ou moins chaude ou froide du terrain,
pour avancer ou reculer cette opération, en
ne perdant jamais de vue que les ensemencemens les plus précoces, faits en temps convenable, sont ceux qui sont, en général, les
meilleurs, et qui donnent ordinairement les
produits les plus avantageux. Enfin, la grande
comme la moyenne culture peuvent aisément
s'approprier la plupart des assolemens décrits
dans cet ouvrage, par des labours à l'araire ou
à la charrue, qui, étant exécutés le plus possible aux époques et aux profondeurs indiquées,
préparent suffisamment la terre pour la plupart
des plantes, et particulièrement pour les principales céréales. Elles suppléeront très-expédi-
tivement au buttage du maïs, de la pomme de
terre et des autres plantes analogues, au moyen
de l'araire ou de la charrue à double versoir ;
et plus expéditivement encore au trident, avec
le secours de la petite herse triangulaire, le
plus précieux et le plus indispensable instrument dont elles puissent faire usage.

Note subsidiaire ;

Ou observations relatives à la culture du maïs, dans les parties les plus septentrionales de la France.

Quoique des agronomes du premier mérite semblent fixer au côté méridional d'une ligne tirée de Bordeaux à Strasbourg, la zône exclusivement propre à la culture du maïs en France, néanmoins l'expérience prouve suffisamment que cette zône s'étend beaucoup au delà de cette limite, et que l'on peut cultiver partout avec beaucoup de succès, au moins le maïs quarantin, et, dans la plupart des localités, une variété que nous avons obtenue de l'ensemencement par rangées alternes du maïs quarantin, avec le maïs jaune, qui nous a donné des produits moyens entre l'un et l'autre ; produits parfaits qui, à raison de leur précocité, peuvent s'appliquer, sinon à toutes, au moins à la plupart des localités, même les plus septentrionales du royaume.

FIN DES NOTES.

TABLE
DES MATIÈRES.

A

(168)

8

Et 25°. Assolement duodécennal, avec prairies artificielles de plus longue durée, p. 148 et suiv.

Avoine; son mode d'ensemencement, *v*. II, p. 27, etc.

B

BEURRE (graine de). Voyez Moutarde blanche.

BROUILLARDS. Effets des brouillards de la belle saison
sur les grains encore tendres, *vol.* I, pag. 12 et 13.

BUTTOIR. Sa description. Voyez les notes troisième et
quatrième, à la fin de ce volume, p. 158 et 159.

C

CALCAIRE ou matière calcaire, principe du carbonate
de chaux, *vol.* I, page 103.

Id. principe du plâtre, *vol.* I, p. 105 et 106.

Ses propriétés, ses défauts; se dissout dans les acides.
Moyens d'amélioration, *vol.* I, p. 120.

CHALEUR. Ses bons effets sur la végétation, *vol.* I, p. 164.

CHALEURS. Leurs mauvais effets sur la végétation, *vol.* I,
p. 10 et 11.

CHAUX. Sa nature, ses propriétés, ses effets comme
amendement, et son emploi en agriculture, *vol.* I,
p. 103 et suiv.

CHICORÉE pour seconde récolte, et pour engrais végétal,
vol. II, p. 31 et 32.

CHIMIE. Produits de l'analyse chimique sur les corps
organisés, *vol.* I, p. 6.

CHOIX des produits sous le rapport du bien-être de la
famille, *vol.* I, p. 137 et suiv.

COLLINES. Voyez Vents.

COLOMBINE, *vol.* I, p. 84 et suiv. Voyez Pigeons, Fientes
de volaille.

F

G

M

Notes ,

1º. De la 1re partie. 1re, 2e, 3e, 4e, 5e, 6e, 7e et 8e.
Voyez la fin du *vol.* I, p. 177 et suiv.

2º. De la 2e partie. 1re, 2e, 3e, 4e, 5e et 6e. Voyez la
fin du *vol.* II, p. 157 et suiv.

Nourriture des végétaux. Voyez Organes.

— des pigeons. Voyez Pigeons.

O

OEillette. Sa culture, *vol.* II, page 111 et 112.

Opérations préalables. Voyez au mot Assainissement,
moyens d'assainissement.

1º. Pour les terres planes dont les bords sont plus
élevés que le milieu, *vol.* I, p. 17 et suiv.

2º. Pour celles où il existe des inégalités qui gènent
le cours naturel des eaux, *vol.* I, p. 19 et suiv.

3º. Pour celles où les eaux affluent des terres supérieures, *vol.* I, p. 21.

4º. Pour celles où les eaux percent après avoir glissé
sur quelque banc de glaise ou d'argile, *vol.* I, p. 21
et 22.

5º. Pour celles hors desquelles on ne peut conduire
les eaux sans nuire à autrui, *vol.* I, p. 23.

6º. Pour celles qui sont soumises à l'action de quelques courans d'air violens, *vol.* I, p. 23 et suiv.

7º. Et pour celles qui sont privées d'air, *vol.* I, p. 26
et 27.

Organes destinés à transmettre aux végétaux leur ali-
ment. Voyez note première du *vol.* I, p. 177.

P

Pavot. Voyez OEillette.

Plantes. Voyez Tableau, Végétation, Nourriture, Iso-
lement,

T

U

V

FIN DE LA TABLE.

www.ingramcontent.com/pod-product-compliance
Lightning Source LLC
LaVergne TN
LVHW012000180726
843502LV00005B/1487